Contraste insuffisant

NF Z 43-120-14

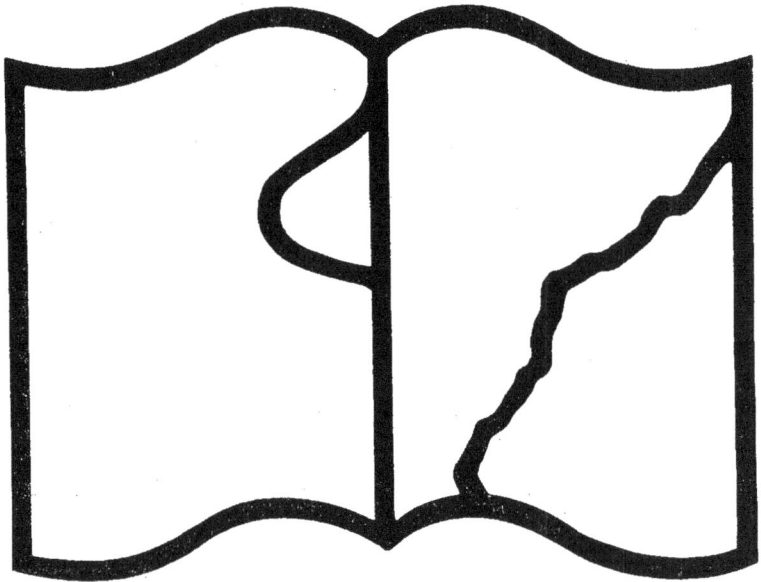

Texte détérioré — reliure défectueuse

NF Z 43-120-11

MANUEL PRATIQUE

DU

CHARPENTIER EN FER

À L'USAGE

DES CONSTRUCTEURS
CONTROLEURS DE TRAVAUX, CHEFS D'ATELIERS,
CHEFS OUVRIERS, OUVRIERS
ET DES ÉLÈVES DE L'ÉCOLE POLYTECHNIQUE, DES ÉCOLES
PROFESSIONNELLES (ÉCOLE CENTRALE,
ÉCOLES D'ARTS ET MÉTIERS), ETC.

TRAITANT

Du petit et du gros Outillage.
Des épures des Ouvrages, de leur traçage,
de leur exécution, de leur vérification avant la livraison.
De l'organisation des Ateliers de construction de
Ponts et Charpentes en fer.
Escaliers en fer en général, etc., etc.

PAR

M. Léon DELALOE

Ingénieur civil.
Ancien Élève des Écoles d'arts et métiers. Ex-Chef d'ateliers
de constructions métalliques. Membre de la Société des Ingénieurs civils de France.
Inventeur breveté de plusieurs machines hydrauliques à travailler les métaux.

Deuxième édition revue et augmentée.

PARIS

EN VENTE CHEZ L'AUTEUR

11, avenue du Maine

ET CHEZ LES PRINCIPAUX ÉDITEURS

MANUEL PRATIQUE

DU

CHARPENTIER EN FER

COMPRENANT

112 figures dans le texte
et 10 planches

MANUEL PRATIQUE

DU

CHARPENTIER EN FER

A L'USAGE

DES CONSTRUCTEURS
CONTRÔLEURS DE TRAVAUX, CHEFS D'ATELIERS
CHEFS OUVRIERS, OUVRIERS
ET DES ÉLÈVES DE L'ÉCOLE POLYTECHNIQUE, DES ÉCOLES
PROFESSIONNELLES (ÉCOLE CENTRALE,
ÉCOLES D'ARTS ET MÉTIERS), ETC.

TRAITANT

Du petit et du gros Outillage.
Des épures des Ouvrages, de leur traçage,
de leur exécution, de leur vérification avant la livraison
De l'organisation des Ateliers de construction de
Ponts et Charpentes en fer.
Escaliers en fer en général, etc., etc.

PAR

M. Léon DELALOE

Ingénieur civil.
Ancien Élève des Écoles d'arts et métiers. Ex-Chef d'ateliers
de constructions métalliques. Membre de la Société des Ingénieurs civils de France.
Inventeur breveté de plusieurs machines hydrauliques à travailler les métaux.

Deuxième édition revue et augmentée.

PARIS

EN VENTE CHEZ L'AUTEUR

11, avenue du Maine

ET CHEZ LES PRINCIPAUX ÉDITEURS

AVERTISSEMENT DE L'AUTEUR

Le livre que nous présentons aujourd'hui au public compétent est un ouvrage purement pratique.

L'auteur, M. DELALOË, qui a dirigé pendant de longues années d'importants ateliers de constructions en fer, et qui, en outre, est inventeur d'un système de riveuse fixe et mobile dite « française », d'une machine hydraulique à romaine pour essayer les métaux, etc., avait toute l'autorité nécessaire pour publier ce **Manuel du Charpentier en fer**.

Ce travail a pour but principal d'enseigner d'une façon très pratique les moyens de tracer simplement toute espèce de charpente, ponts, etc., et en même temps de signaler tous les petits outils qui servent à abréger le travail, avec des données sur la manière de les faire et celle de s'en servir, ou, pour mieux dire, d'indiquer aux ouvriers les tours de main, en terme vulgaire les « ficelles du métier ».

Un grand nombre de figures et plusieurs planches techniques viennent élucider le texte et rendre la compréhension très facile.

Cet ouvrage faisait complètement défaut, et en le publiant, M. DELALOË aura rendu un grand service à la corporation des charpentiers en fer. Les charpentiers en bois trouveront, eux aussi, quelques bons renseignements par la description d'outils qui doivent également leur être familiers.

TABLE DES MATIÈRES

PREMIÈRE PARTIE.

DU PETIT ET DU GROS OUTILLAGE.

DEUXIÈME PARTIE

TRAVAIL DES FERS. — TRACÉS.

FIN DE LA TABLE DES MATIÈRES.

TABLE DES FIGURES

FIN DE LA TABLE DES FIGURES

TABLE DES PLANCHES

CHARPENTIER EN FER

PREMIÈRE PARTIE
DU PETIT ET DU GROS OUTILLAGE

CHAPITRE PREMIER
DU PETIT OUTILLAGE

1° Outils de Traceur, d'Ajusteur et de Monteur.

BURIN. — Le burin (fig. 1) sert à entamer le fer ou la fonte, et l'on avance d'autant plus dans le travail qu'il est fait dans les règles voulues.

Quand il est usé, c'est-à-dire lorsqu'il est devenu trop épais par suite des affûtages successifs, ou bien lorsqu'un morceau a éclaté, on le forge, ce qu'on appelle en terme de métier « rebattre ».

Pour rebattre un burin, on le chauffe au rouge cerise clair, puis on l'aplatit vivement sur l'enclume afin de ne pas perdre sa chaleur,

Fig. 1. — Burin.

qui, étant donné son épaisseur, est vite passée ; on ne doit pas trop l'élargir avant de le rebattre sur champ, puis, lorsqu'il est arrivé à sa forme, le battre à l'eau sur plat seulement et presque à froid, pour donner du corps à l'acier.

Lorsqu'il est bien aminci en cône régulier, on procède à ce qu'on appelle « la trempe ».

Pour cela, on chauffe toute la longueur de la lame au rouge cerise et on la plonge par le bout bien d'aplomb dans un seau d'eau sur une longueur de 25 à 30 millimètres ; on la promène environ deux secondes avant de la sortir de l'eau.

On frotte le plat que l'on a trempé dans l'eau sur le billot de l'enclume, où se trouve la calamine qui tombe des pièces en forgeant. Cela suffit pour le blanchir assez pour permettre de voir les différentes couleurs amenées à la surface par la chaleur que possède le corps du burin.

Ces couleurs sont d'abord le jaune clair, le jaune paille, puis cramoisi clair, cramoisi foncé, bleu, bleu foncé et enfin bleu clair.

Lorsque le jaune clair est passé et que le jaune paille est au bout du burin, avant de le laisser complètement passer, c'est-à-dire quand on en voit encore 1 à 2 millimètres au bout, on le précipite dans l'eau en entier et on l'agite jusqu'à ce qu'il soit complètement froid.

Ensuite on l'affûte sur une meule en grès, en ayant soin de le tenir à 50° environ d'inclinaison par rapport au plan horizontal de la meule, et surtout sans lever ni baisser les mains une fois la position adoptée, afin que le biseau que l'on fait de chaque côté soit parfaitement droit, bien plat et surtout bien régulier.

De l'affûtage dépend la coupe du burin, et nous avons souvent constaté que beaucoup d'ouvriers négligent trop ce détail, qui a une grande importance au point de vue du rendement de l'outil ; c'est ce qui nous engage à nous étendre un peu sur la manière d'opérer.

Pour buriner la fonte, les biseaux doivent être plus droits, c'est-à-dire à 40° ou 45° environ, ou, en terme de métier, plus camards, et le burin dans ce cas doit être forgé bien plus mince que pour le fer, et trempé un peu plus dur, c'est-à-dire jaune paille complètement.

Nous venons de parler de la trempe ; elle est si importante pour la qualité des outils que nous croyons utile de bien l'expliquer dans tous ses détails.

Elle acquiert des degrés de dureté différents, suivant les couleurs que l'on voit sur l'acier quand on le fait revenir à l'endroit où on veut le tremper.

On obtient ces couleurs de deux manières :

La première façon d'opérer s'emploie pour une grande quantité d'outils tels que lames, poinçons, outils à découper, pointe à tracer, pointes de compas, petits forets, etc., etc.

Elle consiste à les chauffer doucement au rouge cerise en évitant de mettre en plein feu les parties à tremper, afin d'être sûr de ne pas brûler les arêtes ou les pointes, et aussi afin que la chaleur se communique au cœur de l'acier ; puis, une fois la couleur rouge cerise obtenue, on les plonge entièrement dans l'eau froide. Cela fait, ils sont trempés dur ou très sec ; il s'agit de les faire revenir à une trempe moins dure, appropriée au travail à faire.

C'est alors qu'on les blanchit un peu avec du papier émeri ou du grès à l'endroit où ils ont été trempés sec, afin de voir les différentes couleurs produites par la chaleur ; puis on les place sur un morceau de fer quelconque que l'on a chauffé au rouge, et de manière que la partie qui ne doit pas être trempée reçoive la chaleur la première et la communique petit à petit à celle à tremper ; c'est alors que l'on voit apparaître les différentes couleurs. On emploie aussi des boîtes de sable chauffé pour faire revenir les outils.

La seconde manière de procéder s'emploie pour les outils tels que burins, becs d'ânes, mèches, pointeaux, ciseaux à chaud, tranches, etc.

Elle consiste à faire comme nous avons dit pour le burin, c'est-à-dire à tremper dans l'eau dès qu'ils sont au rouge, et faire revenir de suite, après avoir nettoyé, avec la chaleur que possède encore le corps de l'outil.

Nous allons maintenant expliquer les différents degrés de dureté de la trempe par rapport aux couleurs que prend l'acier.

Pour tremper très dur ou très sec, en terme d'atelier, il suffit de plonger l'outil dans l'eau aussitôt qu'il a été chauffé au rouge cerise, comme nous l'avons dit plus haut, et l'agiter jusqu'à ce qu'il soit froid.

La trempe dure, qui vient après, est celle obtenue de la façon suivante : tremper l'acier une fois rouge cerise dans l'eau, puis le retirer de suite, le nettoyer et quand il prend la couleur jaune clair, le remettre à l'eau pour le refroidir complètement.

La trempe demi-dure est celle qui correspond au jaune paille foncé; puis la trempe moyenne correspond à la teinte cramoisi foncé; la trempe demi-douce correspond à la couleur bleue qui vient après.

La nature de l'acier joue aussi un très grand rôle dans la trempe; c'est à l'ouvrier à y prendre garde : S'il a affaire à de l'acier vif, il faut, en général, faire des trempes plus douces et chauffer moins rouge; si au contraire l'acier est doux, il faut augmenter le degré de trempe et chauffer au rouge cerise plus clair.

Les outils qui travaillent par chocs doivent toujours être trempés moins durs que ceux qui travaillent par pression; l'eau pour la trempe doit être limpide et être à la température d'environ 15 à 20° C. Si on voulait obtenir un outil absolument dur pour des cas particuliers, il faudrait tremper dans le mercure.

Fig. 2. — Bec-d'âne.　　　　Fig. 3. — Marteau-rivoir.

BEC-D'ANE. — Le bec-d'âne (fig. 2) est destiné à faire ce que l'on appelle des saignées ou des mortaises. Il se trempe et s'affûte comme le burin.

MARTEAU-RIVOIR. — Le marteau-rivoir (fig. 3) est donné tout fait à l'ouvrier. Il en existe de deux sortes, ou tout en acier, ou en fer aciéré. Il pèse environ 900 grammes.

ÉTAU (fig. 4.) — Il sert dans les ateliers à tenir les pièces pendant qu'on les travaille, soit pour les buriner, soit pour les limer ou les tarauder. Il est en fer, avec les mors aciérés, taillés et trempés. Il doit être bien entretenu dans toutes ses parties polies. Il est boulonné par un collier sur un établi, et le bas est arrêté dans un bois scellé dans un petit massif, à fleur de terre.

MARTEAU A MAIN. — Cet outil (fig. 5) sert généralement au forgeron. Il est en fer aciéré et pèse environ 1 kil. 100 à 1 kil. 300.

MARTEAU A ÉCRASER (fig. 6). — Il sert aux riveurs pour écraser le rivet avant de le bouteroller et aux chaudronniers pour les embou-

Fig. 4.
Étau.

Fig. 5.
Marteau à main.

Fig. 6.
Marteau à écraser.

tissages des tôles ainsi qu'à leur dressage. Il sert également à l'assemblage des charpentes.

La tête et la panne sont saillantes, pour permettre de frapper dans les fonds sans que le manche porte sur les rebords de la pièce.

Ces marteaux sont généralement en acier, et pèsent en moyenne 1 kil. 100 à 1 kil. 300.

Fig. 7. — Marteau à devant.

MARTEAU A DEVANT. — Le marteau à devant (fig. 7) sert à étirer les pièces à la forge, à frapper sur la bouterolle, et au dressage des gros fers plats ou profilés.

Ceux destinés à la forge pèsent 4 kil. 500 à 5 kilogr., tandis que ceux des riveurs, qui servent à frapper sur la bouterolle, pèsent 3 à 4 kilogr. ; pour le dressage des fers plats ils pèsent 6 à 8 kilogr.

et diffèrent un peu de forme. Ils sont tous en fer aciéré et trempé.

TENAILLE (fig. 8). — Elle sert à tenir les burins, becs-d'ânes et outils quelconques pour les forger. Elle doit être faite avec du fer de bonne qualité pour résister, car elle fatigue beaucoup.

Fig. 8. — Tenaille.

Le CISEAU A CHAUD (fig. 9) est un genre de burin ayant environ 0^m,30 de long. Il sert à découper le fer chauffé au rouge.

On le fait long afin de ne pas se brûler les mains. Il se trempe un peu plus dur que le burin ordinaire, et son biseau est à angle plus aigu.

Dans le travail, on le met dans l'eau de temps en temps, après chaque coupe, pour le refroidir et l'empêcher de se détremper au contact du fer rouge. Il est en acier fondu.

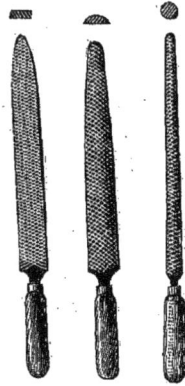

Fig. 9.   Fig. 10.   Fig. 11.   Fig. 12, 13 et 14.
Ciseau à chaud. Tranche à chaud. Tranche à froid.   Limes.

La TRANCHE A CHAUD (fig. 10) est en acier ou en fer aciéré. Elle sert à couper ou découper le fer chauffé au rouge. Elle se trempe au jaune paille et est munie d'un long manche en cornouiller.

On la met à l'eau fréquemment en coupant pour l'empêcher de se détremper.

Elle se forge et s'affûte un peu mince pour ne pas faire coin dans le fer en coupant.

La TRANCHE A FROID (fig. 11) sert à couper le fer à froid sur l'enclume, en le marquant des deux côtés pour le casser ensuite ; elle sert aussi à faire sauter les têtes de rivets mal mis.

Cet outil se fait à biseau court, autrement dit camard, et tout en acier et se trempe bleu.

La PINCE OU LEVIER (fig. 15) sert un peu partout. Elle a environ

Fig. 15. — Pince ou levier.

1^m,20 de long, est en fer rond de 30 à 40 millim. avec les bouts aciérés ; un bout est plat, l'autre est recourbé.

La LIME appelée « de une au paquet » (fig. 12) pèse 1 kilogr. environ.

Elle est à grosse taille pour dégrossir les pièces ; elle sert aussi à retoucher les coupes lorsqu'elles ne sont pas faites bien régulièrement par les outils.

La lime appelée « des deux au paquet » est du même genre, mais plus petite. Elle est taillée moins gros et pèse 500 gr. environ.

La lime demi-ronde « des une » (fig. 13) est plate d'un côté, demi-ronde de l'autre et à grosse taille. Elle sert à faire les congés et les angles des pièces. Elle pèse 1 kilogr. environ.

La lime demi-ronde « des deux » est plus petite ; elle pèse 500 gr. environ et a le même usage que la précédente.

La QUEUE DE RAT OU LIME RONDE (fig. 14) sert à agrandir ou à redresser les trous. Il y en a de différentes grosseurs.

L'ALÉSOIR (fig. 16) sert à agrandir les trous, ou à les régulariser quand il y a plusieurs épaisseurs les unes sur les autres. Il est fait mi-partie à pans et mi-partie rond.

Il se fait aussi carré et s'appelle ÉQUARRISSOIR (fig. 17).

Il y a encore l'alésoir cylindrique (fig. 18), qui, monté sur une machine à percer, sert à agrandir les trous quand il y a beaucoup à enlever, et plusieurs épaisseurs l'une sur l'autre, afin que ces trous soient bien lisses. Il est disposé de façon à pouvoir l'affûter

Fig. 16. — Alésoir.   Fig. 17. — Équarrissoir.

par le bas au fur et à mesure des besoins, sans que cela puisse changer son diamètre.

Le Taraud (fig. 19) sert à faire des filets dans un trou; généralement on les trouve tout faits dans l'industrie.

Le trou devant être taraudé devra avoir un diamètre un peu plus grand que le fond du filet du taraud, le fer renflant au taraudage.

Pour la fonte, on perce au même diamètre que pour le fer, et comme elle ne renfle pas, le filet ne sera pas tout à fait formé, et,

Fig. 18. — Alésoir à la machine.   Fig. 19. — Taraud.

de ce fait, se trouvera dans de bonnes conditions; car on ne doit jamais chercher à faire des filets pleins dans la fonte.

Les tarauds sont en acier fondu de première qualité, et trempés revenus jaune paille très foncé.

La Filière (fig. 20) sert à tarauder les tiges ou boulons dans les cas exceptionnels, car généralement on se procure ces derniers

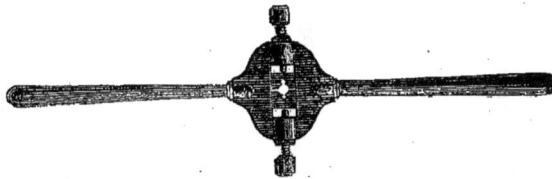

Fig. 20. — Filière.

tout faits dans l'industrie ou on les fait à la machine à tarauder, ce qui va beaucoup plus vite; la pièce que l'on veut tarauder avec la filière doit toujours être un peu plus faible de diamètre, à cause du renflement de la matière dans le travail.

La filière est en fer trempé au paquet, et les coussinets sont en acier fondu de qualité supérieure, trempés revenus jaune paille.

On désigne toujours les parties taraudées par leur diamètre et leur pas. On entend par « pas », si c'est un filet triangulaire, la

Fig. 21. — Vis à filet carré.   Fig. 22. — Vis à filet triangulaire.

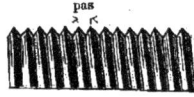

distance d'une pointe de filet à l'autre ; si c'est un filet carré, le pas est la distance qui comprend un plein et un vide (fig. 21 et 22) ; si la vis est à plusieurs filets, le pas est la distance entre le départ d'un des filets pris sur une génératrice de la vis, et son arrivée sur la même génératrice.

Fig. 23. — Foret à langue d'aspic.   Fig. 24. — Foret à téton.

Le Foret sert à percer les trous dans les métaux jusqu'à environ 12 millim. de grosseur. Il se fait à langue d'aspic avec angle de 100° environ (fig. 23) ; au-dessus de cette grosseur, il se fait à téton (fig. 24).

Cet outil est en acier fondu et doit être très soigné dans sa confection. Il se fait pour couper de droite à gauche et se trempe jaune paille foncé.

Fig. 25. — Fraise.   Fig. 26. — Fraise à repos.   Fig. 27. — Fût.

La Fraise (fig. 25) sert à former un cône dans les trous. Elle a la forme du foret à langue d'aspic dont nous avons déjà parlé.

Elle se fait le plus souvent à repos (fig. 26), afin que toutes les fraisures soient bien de même profondeur et régulières. Elle est en acier et se trempe comme le foret.

Le Fut (fig. 27) sert à percer des trous à la main. Il est en fer trempé au paquet et est percé à un bout d'un trou carré pour recevoir le foret, et pourvu à l'autre bout d'un grain en acier avec une cavité pour recevoir la pointe de la vis, qui fait pression dessus pendant que l'on perce.

Fig. 28. — Vilebrequin.

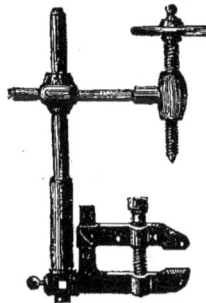

Fig. 29 — C à percer.

Le VILEBREQUIN (fig. 28) sert, en y adaptant une fraise ou un foret, à faire de légères fraisures dans les trous ou à les agrandir. Il sert aussi, avec un tourne-vis spécial, à poser les grosses vis. Sa monture est ordinairement en fonte malléable et sa garniture en bois.

Fig. 30. — Cliquet à rochet.

Le CLIQUET (fig. 30) est un outil qui sert à percer des trous quand on ne peut mener les pièces à la machine, ou ceux que l'on aurait pu oublier ; enfin les trous de raccord. Il est pourvu, à l'intérieur, d'une petite roue à dents pointues, et au milieu d'un trou carré pour passer le foret. Un ressort fait arrêt dans les dents quand on tourne pour percer, et glisse sur ces dernières pour revenir. Il se trouve tout fait dans l'industrie.

Le C (fig. 29), ainsi appelé parce qu'il a la forme d'un C, sert, avec le fut, à percer les trous oubliés, ou dans les pièces qu'on ne peut conduire à la machine, et aussi sur place.

Il est à mors dans le bas pour se serrer sur les pièces au moyen d'une vis, et dans le haut il est en forme de douille filetée recevant une vis dont le bout est en pointe, pour venir appuyer sur le fût portant le foret pour faire mordre celui-ci sur la pièce pendant que l'on tourne.

Fig. 31. — Tourne-à-gauche.

Le TOURNE-A-GAUCHE (fig. 31), ainsi appelé parce qu'on le dirige toujours vers la gauche en tournant, sert à faire tourner l'alésoir ou le taraud dans le trou.

Il se fait en fer trempé au paquet.

L'ÉQUERRE A CHAPEAU (fig. 32) sert à tracer les arasements, les axes des trous. Elle est en acier.

Fig. 32.
Équerre à chapeau.

Fig. 33.
Fausse équerre.

Fig. 34.
Compas à pointes.

LA FAUSSE ÉQUERRE (fig. 33), dite « sauterelle », sert à prendre les angles pour faire les coupes.

Elle est en fer, avec une branche simple et une double recevant la première.

On en fait aussi à deux branches simples très minces, pour relever exactement les angles sur les dessins et les épures.

Le COMPAS A POINTES (fig. 34) sert à tracer les cercles et à faire des divisions.

Les pointes sont en acier et se trempent jaune paille foncé.

Le Compas a verge (fig. 35) sert à tracer les courbes d'un certain diamètre et les grandes divisions.

Il est composé de deux têtes portant une pointe, et coulissant sur une tringle rectangulaire ou triangulaire, à volonté.

Le Pointeau (fig. 36) sert à marquer les trous.

Il se fait en cône bien régulier, suivant un angle de 80° environ. Il se trempe jaune paille très foncé, presque cramoisi.

Le Pointeau a centre (fig. 37) se fait de tous les diamètres, avec une partie lisse cylindrique. Il sert à la reproduction d'un fer sur

Fig. 35.
Compas à verge.

Fig. 36.   Fig. 37.
Pointeau. Pointeau à centre.

un autre. Il doit aller très juste dans le trou-guide, être fait au tour et se tremper jaune paille foncé, presque cramoisi.

Le Mètre en acier (fig. 38) est une bande d'acier poli de 1/2 mill. d'épaisseur environ, bien dressée dans sa longueur, et divisée d'un

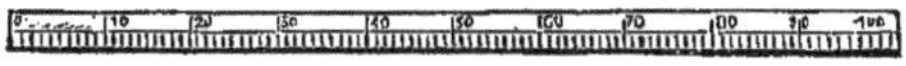

Fig. 38. — Mètre en acier.

bout à l'autre en millimètres. Il doit être rigoureusement juste, car c'est l'outil principal du traceur de charpentes.

Le Pied a coulisse (fig. 39) sert à prendre les diamètres des petites parties rondes et les différentes épaisseurs.

Il se fait en acier et doit être extrêmement juste. En s'en servant, on doit procéder avec beaucoup d'attention et de précision.

Il se compose d'une branche principale méplate divisée en millimètres et à bec à l'un des bouts, et d'une autre à bec également et à coulisse sur la première, avec une vis de pression pour la serrer à volonté.

Le PALMER (fig. 40) sert à prendre les épaisseurs d'une manière rigoureusement exacte. Fonctionnant à vis, cela est facile. Il indique les dixièmes avec beaucoup de précision ; c'est pourquoi on l'emploie pour prendre les sections exactes des fers.

Il est composé d'une pièce principale en forme de C, avec tige taraudée intérieurement et divisée vers le bas. C'est dans cette tige

Fig. 39. — Pied à coulisse.   Fig. 40. — Palmer.

qu'un fourreau, divisé au pourtour et portant la pointe taraudée du palmer, se meut comme un écrou et à la rencontre des divisions indique les millimètres, et les dixièmes de millimètre.

Le NIVEAU A BULLE D'AIR (fig. 41) sert constamment dans le travail pour niveler les pièces avant de les travailler sur les machines. Il

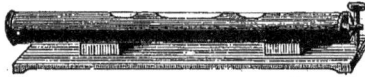

Fig. 41. — Niveau à bulle d'air.

sert aussi à l'installation desdites machines, dans les montages provisoires à l'atelier, et définitifs sur place. La bulle, lorsque la pièce est de niveau, doit se présenter au milieu.

On doit le vérifier de temps en temps, et voici comment on opère :

On regarde d'abord si la semelle est bien droite et bien dégauchie, ensuite on le place sur une partie bien dressée et autant que possible de niveau ; on trace alors sa place tout autour et on remarque à quelle division la globule s'arrête, puis on le retourne bout pour bout, le remettant exactement à sa place primitive indiquée par les traits : Si le niveau est juste, la globule revient au même endroit ; sinon, on le règle au moyen de la vis qui est à l'une de ses extrémités.

Le Niveau de charpentier ou de maçon (fig. 42) se fait en bois ou en fer.

Il a la forme d'une équerre double avec une traverse au milieu. Sur le haut existe un petit trou pour attacher le fil qui porte le plomb, et sur la traverse une marque où doit s'arrêter la

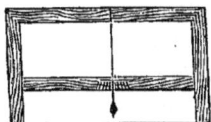

Fig. 42. — Niveau de charpentier ou de maçon.

corde venant du haut pour indiquer l'aplomb. Il doit être fait avec beaucoup de précision, de manière qu'étant placé debout, le fil vienne passer par le trait indiqué sur la traverse du bas. Il sert de cette façon à deux fins, car en le posant contre un objet vertical, le fil indique si cet objet est bien d'aplomb.

Fig. 43.
Fil à plomb.

Le Fil a plomb (fig. 43) se fait soit en cône, soit en cylindre, avec un petit anneau pour attacher la corde, dans laquelle glisse une plaque carrée mince ayant pour côté le plus grand diamètre du fil à plomb ; elle sert à appliquer dans le haut des pièces pour isoler le fil, afin que dans le bas la masse qui le tend indique si l'on penche d'un côté ou de l'autre.

Le Trusquin de charpentier en fer (fig. 45) est spécialement fait pour tracer des lignes d'axe sur certains fers à profil, tels que cornières, T simples, T doubles, etc.

Il porte des entailles à différents écartements suivant les besoins, pour maintenir la pointe à tracer. Il est en tôle d'acier non trempée et est muni d'un petit goujon, qui sert à le pousser le long des fers pour tracer la ligne d'axe que l'on veut.

La Pointe a tracer (fig. 44) est en acier fondu. Elle est apointie des deux bouts, et trempée jaune paille foncé. On peut aussi la faire avec l'un des bouts recourbé, suivant les besoins.

Fig. 44.
Pointe à tracer.

Fig. 45.
Trusquin.

Fig. 46.
Broche.

La Broche (fig. 46) est un outil en acier de qualité inférieure, appelé acier naturel. Elle ne se trempe pas.

Elle est ronde et allongée en cône des deux bouts, l'un plus long que l'autre pour l'entrée, et est pourvue, au milieu, d'une partie cylindrique des trois quarts de sa longueur.

Cet outil sert au monteur et au riveur pour passer à force dans les trous, afin de bien ramener ces derniers et les fers en ligne droite

La Clef (fig. 47) sert à serrer les écrous des boulons pour assembler les pièces entre elles.

Elle est à six pans d'un bout et à tige ronde de l'autre en forme de broche, pour ramener les fers avant de passer le boulon.

Elle doit être forgée en bon fer, non pas enlevée dans la masse, mais bien soudée en queue de carpe dans un fer roulé pour former

Fig. 47. — Clef à six pans.

Fig. 48. — Clef à béquille.

la tête, et cela afin qu'elle ne présente pas le fil du fer dans les côtés du six pans.

Elle se fait aussi d'une certaine forme, pour aller dans les angles où on ne peut tourner une clef ordinaire. Dans ce cas on la nomme clef à béquille (fig. 48).

La Presse ou le Serre-joint (fig. 49) a la forme d'un C avec une vis de pression. Elle se fait en fer, ou mieux en acier coulé.

Elle sert à tenir les pièces assemblées provisoirement, soit pour reproduire les trous, soit pour le montage, enfin pour tous besoins dans le travail.

Le Rapporteur (fig. 50) se fait généralement par le traceur sur un morceau de zinc ou de tôle divisé par lui très exactement en 90 degrés.

Il lui sert à tracer les angles en général et les croisillons des

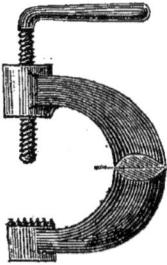

Fig. 49.	Fig. 50.	Fig. 51.
Presse ou serre-joint.	Rapporteur.	Bouterolle.

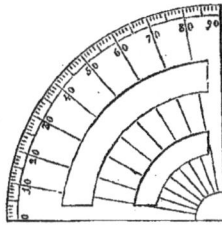

poutres de ponts. Il donne aussi un équerrage très juste ; c'est pourquoi l'on s'en sert constamment pour vérifier les équerres à branches, si susceptibles de se déranger.

La Bouterolle (fig. 51) sert aux riveurs pour former la tête du rivet, dont elle a presque la forme. Nous disons presque, parce qu'elle est faite de façon à être moins profonde que la tête du rivet, pour pouvoir, en bouterollant, l'incliner de manière à pincer ledit rivet sur les pièces, pour bien les serrer entre elles.

Elle se fait en acier fondu avec angle pas trop aigu, pour bien résister. Elle se trempe bleu clair.

On ne saurait apporter trop de soin dans la confection de cet outil.

La Tenaille a bouterolle (fig. 52) sert à tenir la bouterolle en rivant.

On met un morceau de cuir ou de chiffon entre la tenaille et la bouterolle pour empêcher celle-ci de glisser ; puis on serre fortement les deux branches des tenailles, au milieu, avec une corde

Fig. 52. — Tenaille à bouterolle.

enroulée d'une dizaine de tours ; de la sorte ces deux objets n'en font plus qu'un, et le riveur n'a plus que ses tenailles à tenir.

Elle doit se faire en très bon fer, afin de ne pas casser dans les chocs.

La TENAILLE A RIVETS (fig. 53) sert au chauffeur de rivets pour les prendre du four ou de la forge et les envoyer au riveur, qui les ramasse avec une tenaille semblable pour les mettre dans les trous.

Fig. 53. — Tenaille à rivets.

Elles se font aussi en bon fer, et les bouts pointus et un peu recourbés en dedans.

Le TAS (fig. 54) est un morceau de fer rond ou carré, d'environ 35 à 45 millimètres de diamètre, ou plus, suivant les besoins. Il a un des bouts en creux de la forme des têtes.

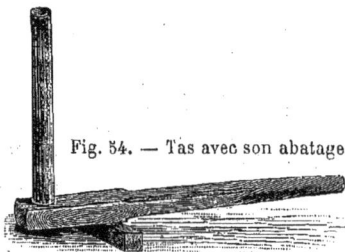

Fig. 54. — Tas avec son abatage.

Il doit être fait à chaud, avec une tête de rivet que l'on emboutit dedans. On ne saurait prendre trop de soins pour éviter qu'il ne marque ou couronne les têtes, ce qui est très vilain et manque le travail ; l'autre bout est un peu arrondi. Il sert à butter contre la tête du rivet pour tenir coup pendant qu'on l'écrase ; il s'appuie de l'autre extrémité sur un morceau de bois entaillé à cet effet, et qui s'appelle abatage.

Cet abatage (fig. 54) se met en bascule sur une cale, et en appuyant dessus à l'extrémité, on fait levier pour pousser le tas sur la tête du rivet, pour tenir coup au riveur pendant qu'il l'écrase pour former la tête.

La Gouge est un burin arrondi sur plat. Elle sert à couper les bavures autour de la tête du rivet aussitôt que cette tête vient d'être formée.

Cet outil est en acier fondu et se trempe comme le burin.

Le Poinçon (fig. 55) sert au riveur à déboucher le trou quand il a coupé un rivet mal formé.

Il est en acier trempé bleu foncé dans sa partie ronde, et est muni d'un long manche pour le tenir.

Fig. 55. — Poinçon emmanché.

Comme nous l'avons déjà dit, la broche sert aussi au riveur pour ramener les trous avant d'introduire le rivet, et le marteau à écraser pour refouler la tige dudit et l'aplatir avant de le bouteroller.

La Forge portative (fig. 56) sert à chauffer les rivets dans les ateliers, et sur place au montage quand il n'y a pas de four.

Après avoir garni le fond du foyer, l'apprenti place deux briques à droite et à gauche de la sortie de vent, et fait son feu au milieu en l'élevant jusqu'au-dessus de ces briques et en ayant soin de l'éloigner un peu de la tuyère pour ne pas la brûler ; puis au-dessus de ces briques il place une grille qui est un morceau de fer quelconque de petite dimension, ployé en deux (fig. 57), de manière à avoir environ $0^m,30$ de long étant coudé, et à présenter une ouverture un peu plus grande que le diamètre de la tige du rivet. C'est entre ces deux branches que les rivets seront placés, la tête en-dessus posant sur la grille, afin que la tige plonge en plein feu et devienne vite rouge. On met chauffer 5 ou 6 rivets, suivant la grosseur, et

au fur et à mesure que l'apprenti en envoie un au riveur il en remet un autre chauffer; de la sorte, il peut fournir, mais il doit surtout bien veiller à ne pas laisser brûler les rivets. Le devoir du
riveur est, du reste, de surveiller l'apprenti de très près. Il ne doit

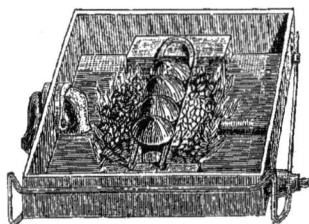

Fig. 57. — Plan du foyer de la forge avec les rivets.

Fig. 56. — Forge à chauffer les rivets.

mettre que des rivets chauffés rouge blanc et les écraser très vivement, pour avoir moins de mal et faire du bon travail. Il doit aussi
veiller à chaque instant à ce que les têtes portent bien en-dessous
et que les fers soient bien serrés.

2° Outils de Poinçonneur.

Le Poinçon rond (fig. 58) sert à défoncer les trous dans les fers. Il est tourné avec l'extrémité légèrement plus forte de diamètre, pour ne pas bourrer dans le trou ; l'autre extrémité est en cône, pour aller dans le porte-poinçon. Le téton dont il est muni sert à le présenter et à le centrer dans le coup de pointeau donné sur la pièce à poinçonner.

Cet outil est en acier fondu de bonne qualité et de calibre. On le trempe complètement sec, puis on le fait revenir jaune paille foncé du côté où il poinçonne et bleu de l'autre côté, afin qu'il soit suffisamment dur pour ne pas se refouler dans le porte-poinçon, ce que l'on obtient facilement en le faisant revenir la partie cône seulement placée sur du grès en poudre chaud. Quand on voit apparaître à l'autre extrémité la teinte jaune foncé, on le plonge dans l'eau.

Fig. 58. — Poinçon à téton.　Fig. 59. — Matrice.　Fig. 60. — Matrice en 2 pièces.

La Matrice (fig. 59), dont le dessus est un peu arrondi, a un trou légèrement conique pour laisser passer la débouchure faite par le poinçon.

Elle a généralement 1/2 à 1 $^m/_m$ de plus de diamètre que le poinçon lorsque les fers à poinçonner ne dépassent pas 10 millim. d'épaisseur, et 1 millim. à 1 $^m/_m$ 1/2 de plus lorsque les fers ont de 11 à 15 millim.

Elle se fait ronde ou carrée, en acier fondu de qualité, trempé sec et revenu jaune paille sur le dessus.

Pour les gros trous, on la fait en deux pièces (fig. 60); la rondelle qui la porte est en fer et la matrice est serrée dessus par trois vis.

Lorsqu'on veut faire du découpage à la poinçonneuse, on emploie des poinçons carrés, rectangulaires, triangulaires et d'autres sec-

tions avec des matrices de même forme, suivant le travail à effec-
tuer.

Pour les tôles de 1 à 5 millim., le jeu entre le poinçon et la matrice devra être de 3/10 à 6/10 de millimètre au plus.

Comme poinçonnage particulier nous signalerons celui des fers
en U de 80 à 160 millim. de haut (fig. 61), que l'épaisseur et la
saillie des tables des poinçonneuses en général ne permet pas de
faire.

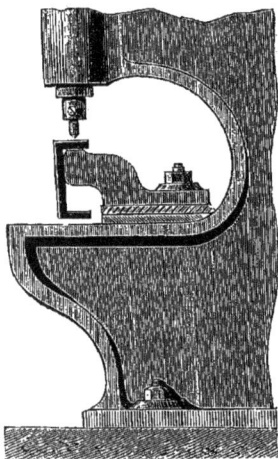

Fig. 61.
Poinçonnage des fers en U.

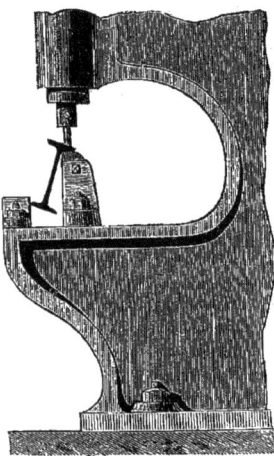

Fig. 62.
Poinçonnage des fers à double T.

L'outil se compose d'un poinçon rond, réglé comme longueur
sur la hauteur de la matrice; cette dernière est goupillée dans un
porte-matrice contre-coudé fixé sur la table par deux boulons et
avec des cales sous le patin, suivant la hauteur du fer en U à poinçonner.

Il y a aussi le poinçonnage des fers à double T sur les ailes
(fig. 62). Il se fait avec un poinçon sans téton et dont le dessous
est un peu incliné pour bien porter sur le fer à T.

La matrice est placée sur un porte-matrice élevé à la hauteur du
fer. Cette matrice a son dessus épousant exactement la forme

arrondie du dessous de l'aile du fer, lequel est placé incliné pour échapper la côte du bas qui vient contre une buttée pour ne pas glisser en poinçonnant. On l'appuie sur la matrice; c'est dans cette position que poinçon et matrice doivent bien porter partout sur le fer, pour éviter la casse du poinçon.

Tous les petits fers profilés peuvent aussi se poinçonner. Il suffit d'organiser la matrice pour leur passage facile.

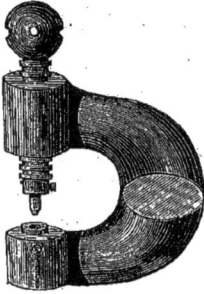

Fig. 63.
Poinçonneuse à main.

Lorsque l'on a des trous isolés à poinçonner, à l'atelier ou au montage, on se sert d'une poinçonneuse à main (fig. 63) qui a la forme d'un C. Elle est en acier coulé. Dans le bas est une partie ronde recevant la matrice et en haut une grosse vis à filet carré ayant la tête en boule avec trous pour passer une broche en acier, et à l'autre bout le poinçon est tenu par une petite vis.

Cet outil rend de grands services dans les ateliers et au montage, parce qu'il est très léger et facile à manier.

3° Outils de Cisailleur.

La Lame droite (fig. 64) sert à couper les fers plats ou carrés. Ces outils sont généralement en acier fondu et se trempent sec. On les fait rougir doucement au charbon de bois ou au coke dans un petit four, en ayant soin de bien les caler avec le charbon, de manière que, supportées partout bien à plat, elles ne se cintrent pas d'avance.

Quand la lame est rouge cerise bien à cœur, on la plonge de champ, moitié de sa largeur dans l'eau, et du côté opposé à celui que l'on veut tremper. Quand elle est rafraîchie de ce côté, on la retourne vivement et on la plonge en entier et toujours de champ dans l'eau, en l'agitant jusqu'à ce qu'elle soit froide. Ce rafraîchissement a pour résultat de les empêcher de se cintrer dans le sens de la largeur, et de ne pas tremper le derrière ni la place où sont les trous ; cela évite la casse.

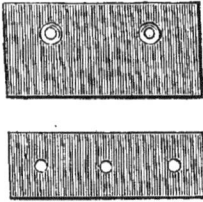

Fig. 64. — Lames droites.

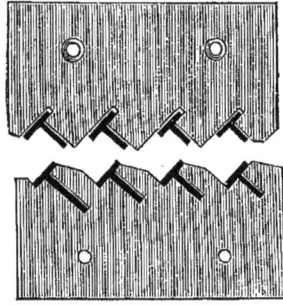

Fig. 65. — Lames pour T simples.

On fait également des lames pour les doubles T (fig. 66), pour les fers en U (fig. 67), et pour les T simples (fig. 65).

Fig. 66,
Lames pour fers à double T.

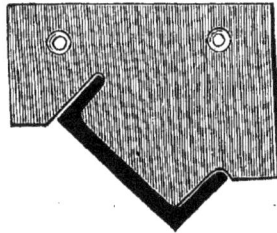

Fig. 67.
Lames pour fers en U.

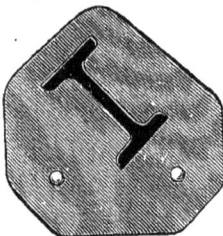

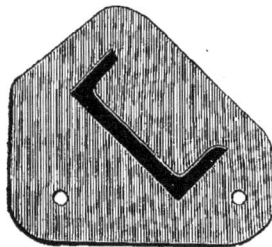

Nous devons dire au sujet de ces lames que l'on doit être très parcimonieux dans leur confection, attendu qu'à moins d'un profil

simple et peu saillant, elles ont toutes l'inconvénient de coûter fort
cher ; puis on les réussit difficilement à la trempe. Aussi n'est-il
pas rare de les casser après très peu de temps de service.

Il y a aussi un autre inconvénient, plus grave celui-là : Quand
on est obligé de s'adresser à différentes forges, les profils ne sont
plus les mêmes, et par suite les lames ne peuvent plus servir.

Elles se trempent de la même manière que les lames droites dont
nous avons parlé.

Le grand principe de ces lames consiste à attaquer le fer partout
en même temps ; il en résulte que la coupe est on ne peut mieux
faite, et la chute aussi bien coupée que la barre restante. Lorsque
le profil de la lame du bas est fait, on fait descendre le coulisseau
de la machine à fond de course, et on applique la lame du haut à la
place où elle se monte contre celle du bas ; on trace le profil avec
cette dernière, puis quand les lames sont finies, trempées et montées, on enlève le coin d'embrayage et on met une cale de 3 à
4 millim. à la place et qui sert à faire la coupe, car il y a très peu
de course à faire et il faut que les fers rentrent dans le profil des
lames pour les couper.

La lame la plus répandue pour couper les fers profilés est celle
en forme de V (fig. 68) pour couper les cornières.

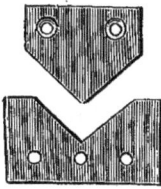

Fig. 68. — Lames à
cornière ordinaire.

Elle débite les barres, fait les onglets à droite
et à gauche en levant le fer en l'air pour l'incliner de façon à couper une branche plus que
l'autre, arrase les cintres en les levant en l'air
également ; mais tout cela est difficile et coûteux, et il n'y a que sur les petites longueurs, qui
alors sont maniables, que l'on peut faire des onglets dans de bonnes conditions. C'est pourquoi
on a fait une lame en forme de V double (fig. 68)
qui permet de couper les onglets des grandes barres à droite et à
gauche en les levant seulement, à hauteur d'épaule par exemple,
de sorte qu'en présentant en biais la cornière à droite ou à gauche,
on coupe l'onglet que l'on veut.

Il en est de même des grands cintres, que l'on peut arraser sans
les lever. Toutes ces lames en général ont besoin d'être bien em-

boîtées dans la fonte du porte-lame du bas pour bien tenir coup, et
ce porte-lame doit avoir une saillie dans sa longueur allant bien
dans la table de l'outil, afin d'éviter les glissements que produisent
les poussées à droite et à gauche en coupant, l'effort se faisant en
partie sur le côté.

Il y a un moyen économique de lame pour toutes les petites cornières (fig. 70 et 71). Il consiste à avoir une fausse lame en V entaillée
pour recevoir, montées à vis, des petites lames de tous les profils ;
ces petites lames sont peu coûteuses et d'une grande ressource.

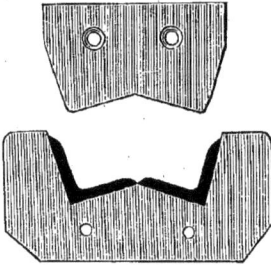

Fig. 69.
Lames en forme de V double.

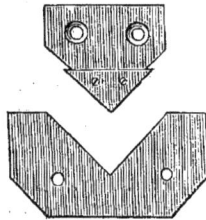

Fig. 70. Lame pour
petites cornières.

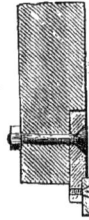

Fig. 71. — Coupe
de la lame.

Il y a aussi la lame à couper les tenons des fers à I double ou
simple (pl. I, fig. 7). Elle consiste en une fausse lame à rebord qui
reçoit deux lames séparées, dont l'une est à coulisse pour varier
suivant les épaisseurs des fers ; sur le côté de la lame existe une
fausse buttée pour mettre un coin afin de l'empêcher de reculer en
travaillant.

La petite lame qui n'est pas à coulisse s'arrase d'aplomb avec la
lame du bas, qui est droite et ordinaire ; de façon que quand le tenon est coupé, on puisse enlever le bout d'âme qui reste en présentant le fer à plat. On remarquera aussi que les deux lames dont il
est parlé ne doivent pas être trop hautes, afin de laisser passer le
double T le moins haut.

Il y a aussi la lame à couper la côte des fers à double T (pl. I,
fig. 5). Elle ne doit pas être trop haute pour pouvoir passer dans le
plus petit fer.

Elle est faite d'une seule pièce. Dans le bas est une lame en trois parties, dont une de fond pas trop épaisse et deux autres boulonnées avec la première à droite et à gauche.

Si la côte à couper est un peu épaisse, on la coupe en deux fois sur sa largeur, et on a soin d'avoir un coin de buttée derrière le fer pour ne pas qu'il recule; ce coin, bien entendu, varie suivant les besoins; on le met au moment de couper.

Pour terminer ce chapitre du petit outillage, citons le trois-lames (pl. I, fig. 6), qui est un poinçon carré en haut, et avec queue pour se guider dans le porte-lame du bas.

Il est monté après le coulisseau de la cisaille, comme un porte-poinçon, c'est-à-dire à cône et goupillé. Sur la table de la machine est un porte-lame en fonte ou acier coulé, dont le milieu a une ouverture carrée pour laisser passer les morceaux de chûtes, et aussi pour recevoir le poinçon et la queue qui le guide. Dans cette ouverture est ménagé un repos pour recevoir trois lames montées avec des boulons fraisés.

Avec ce trois-lames on peut faire n'importe quel tenon, dans du fer plat, à T simple ou cornière. Enfin on peut présenter le fer de toutes les façons, il est toujours très bien coupé.

CHAPITRE II

DU GROS OUTILLAGE

Avant de donner une nomenclature détaillée des gros outils, nous émettrons en principe qu'ils doivent toujours être confiés au même ouvrier.

Il y a là un grand avantage au point de vue de la qualité et de la quantité de travail produit.

Cet ouvrier doit conserver sa machine dans un état de propreté irréprochable et la graisser à temps, afin de ne pas laisser échauffer les organes, qui, par suite, se gripperaient.

Dans ces conditions, un bon outil, bien entretenu, peut servir pendant 16 à 18 ans sans réparations sérieuses ; autrement, c'est à peine s'il marche 5 à 6 ans sans avoir à subir de grosses réparations.

Les gros outils doivent être installés bien d'aplomb et de niveau sur un emplacement battu et très uni. Cela suffit généralement pour ceux qui sont très lourds et que la courroie ne peut entraîner, à moins cependant que le tirage soit sur le côté. Dans ce cas, il est nécessaire de faire un massif et de sceller avec quatre boulons.

Les gros outils doivent être, suivant la disposition de l'atelier, placés pour pouvoir y amener facilement les fers à travailler, et éloignés suffisamment les uns des autres pour ne pas être gêné dans le travail.

Les engrenages et les volants doivent être entourés, cela est rigoureusement imposé ; ceux qui négligent cette précaution sont responsables des accidents qui peuvent survenir.

CISAILLE (fig. 72). — Il y en a de différents systèmes, mais qui tous sont établis d'après les mêmes principes. Ces machines se composent d'un bâti A en fonte portant un axe de rotation B, d'un levier C, lequel est soulevé par une came D sur l'arrière de la machine, et claveté sur l'arbre E qui porte les poulies de commande F. Ce levier C vient appuyer sur un coin G d'embrayage, pour faire descendre le coulisseau H qui porte la lame.

Le devant du bâti forme une table recevant le porte-lame, qui y est fixé par deux boulons.

La machine doit faire environ 15 tours à l'excentrique. En avant de la lame sont installés deux ou trois tréteaux à roules et à coulisses pour lever ou baisser à volonté, afin de présenter les barres à la hauteur voulue sur la lame à couper.

Elle sert à couper tous les fers non profilés. L'ouvrier qui la conduit doit être bien attentif et couper juste au trait marqué sur les pièces, ou, si c'est au guide, bien régler ce dernier. Il doit y avoir,

Fig. 72. — Cisaille.

autant que possible, un buttoir sur le devant de la lame pour empêcher le fer de se relever par suite de la pression exercée, afin d'obtenir une coupe bien franche et d'équerre.

Lorsqu'il a une série de fers à débiter, d'équerre ou obliques, l'ouvrier doit se servir du guide en buttée, afin d'obtenir des pièces bien semblables.

Il y a différentes sortes de guides ; ils se montent après le porte-lame : ceux en avant pour diriger le fer d'équerre ou à tous les biais, et qui se règlent à au moyen de boulons, et ceux en arrière de la lame, variables à volonté pour couper à longueur fixe ; ces derniers sont à coulisse.

Pour couper les fers épais, on doit prendre la lame dite « à guillotine », qui est oblique par rapport à la lame inférieure fixe, pour que, la coupe étant faite d'un seul coup, la machine ne fatigue pas.

Pour les fers plats minces, c'est-à-dire ne dépassant pas 10 à 11 millim., on prend des lames se croisant parallèlement avec 1 ou 2 millim. au plus de croisement quand la lame mobile est au bout de sa course, et cela afin de ne pas déformer les bouts qui tombent et doivent encore servir.

La GROSSE CISAILLE (fig. 73) a le bâti disposé pour couper les cornières et les autres fers de profils tels que fers à T simple, à double T, en U, etc.

Elle sert aussi à poinçonner de gros trous, à faire des rondelles, des découpages, etc.

Elle est composée d'un gros bâti A avec saillie sur le derrière pour porter les poulies de commande O, l'arbre du volant B et le pignon C ; sur le devant, une table en saillie reçoit le porte-lame D qui y est boulonné. Dans le haut le bâti est traversé par un arbre horizontal sur l'extrémité duquel est clavetée la grande roue E qui engrène avec le pignon C à l'autre extrémité. Il est en forme d'excentrique qui reçoit la manivelle F, laquelle au moyen d'un coin d'embrayage vient faire pression sur le coulisseau G qui porte la lame du haut et l'oblige à descendre sur le fer pour le couper. Elle doit faire 12 à 13 tours par minute.

Pour faire les onglets de cornières en général, on devra se servir du guide universel (fig. 74 et 75).

Il est composé d'un fer en forme d'équerre arrondie en dehors pour pouvoir s'emboîter. A son extrémité, qui est en pointe, articule une pièce autour d'un petit axe ; cette pièce a une partie coudée à angle aigu formant face destinée à butter contre la lame de cisaille pour guider l'angle de la coupe. Elle peut s'ouvrir et se fermer à la demande, suivant l'angle que l'on veut obtenir à la coupe, et a pour cela une mortaise en arc correspondant à une autre mortaise dans le fer qui la porte. Un petit boulon fraisé à collet carré sert à les serrer entre elles quand l'angle de coupe est déterminé.

Comme pour couper les onglets avec la lame en V il faut lever les cornières, la pièce articulée dont nous avons parlé et qui sert de buttée sur la lame sera réglée dans sa partie relevée et coudée sui-

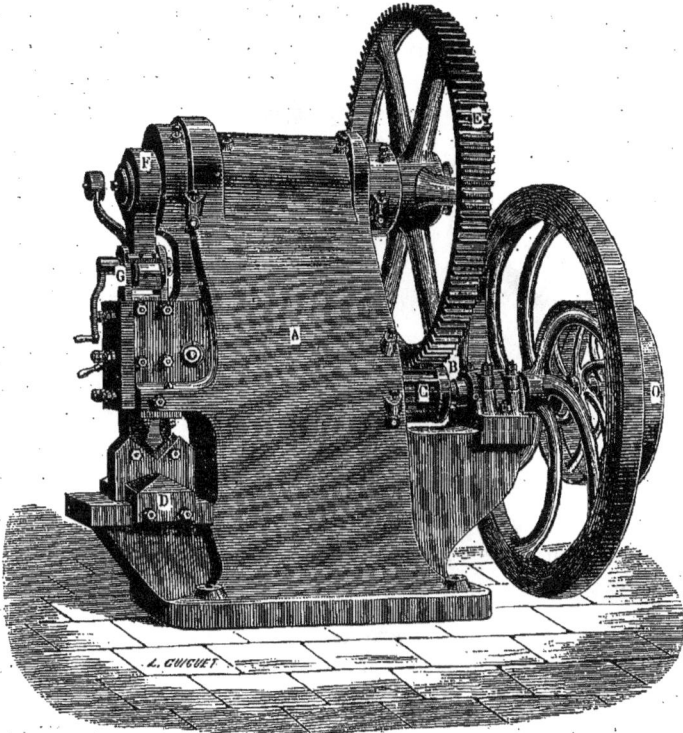

Fig. 73. — Grosse cisaille.

vant l'angle donné par la levée des barres, et cela afin qu'en portant bien contre la lame elle guide d'une façon sérieuse.

A l'extrémité du guide se trouvent deux mortaises dans lesquelles peut coulisser un goujon excentré sur sa tige, afin de pouvoir se prêter à tous les trusquinages et au trou le plus propice. Ce goujon une fois réglé, serré et mis dans un des trous de la cornière, sert de guide pour faire la coupe à une distance voulue de ce trou.

En dehors de cet outil, il y a les mêmes guides, mais avec la coupe fixe pour faire les onglets à 45° ; il en faut un pour chaque main. Comme on a journellement des onglets à faire, il est préférable d'avoir des outils fixes pour les exécuter ; ce genre de guide est fait comme celui dont nous venons de parler, sauf que la pièce articulée est remplacée par une partie que l'on a rapportée fixe et relevée à la demande sur le bout du guide, de manière à servir de buttée contre la lame, puis pour le goujon le système est le même.

Comme on le voit, on peut, avec ces outils, couper toute espèce d'onglets dans la cornière, d'une façon très juste et sans les tracer ;

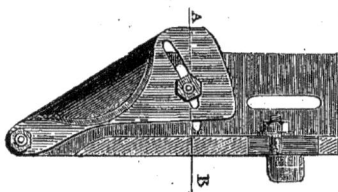

Fig. 74.
Guide pour couper les onglets des cornières.

Fig. 75.
Coupe du guide.

il suffit de bien régler avant de commencer, et il est impossible de couper trop court ; c'est surtout là le point important. On a des goujons excentrés de toutes les grosseurs pour les différents trous.

La POINÇONNEUSE (fig. 76) se compose d'un bâti A en fonte traversé horizontalement par un arbre B portant l'excentrique C ; sur cet arbre est clavetée la roue D qui engrène avec le pignon E, claveté sur l'arbre de commande portant le volant F et les poulies G ; sur le bas du bâti est boulonnée la matrice H.

La poinçonneuse doit être installée de manière que l'ouvrier puisse en poinçonnant pousser les plus longues barres à droite et à gauche sans être gêné. Pour cela, il a de chaque côté de la machine des tréteaux sur lesquels sont deux barres de fer quelconques, des doubles T par exemple, maintenues d'écartement par des entretoises et pouvant être calées à volonté sur les tréteaux pour en va-

rier la hauteur ; elles servent de chemin à des petits rouleaux en
fer rond pris bruts dans du fer ordinaire de 35 à 40 et servant à recevoir les barres à poinçonner qui ainsi peuvent facilement avancer
et reculer dessus.

Il y a aussi l'installation, qui consiste à avoir en haut, à droite et
à gauche de la machine, une barre de roulement où se meut un ga-
let à chape qui porte une chaîne après laquelle on attache la barre
à poinçonner pour la promener le long de la machine. Mais cette
installation existe surtout dans les ateliers de province, où, ayant
beaucoup de place, on n'a pas de pont aérien pour faire le service
de l'atelier, car les deux ensemble pourraient se gêner ; ce système,
du reste, tient mal les fers plats.

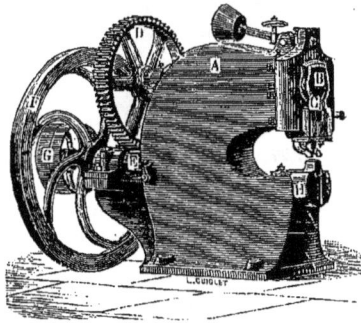

Fig. 76. — Poinçonneuse.

La poinçonneuse sert à défoncer les trous ou à découper les fers. On
ne doit jamais poinçonner plus épais que le diamètre du poinçon ; il
doit être bien centré dans la matrice en le montant, et celle-ci placée
le dessus bien horizontal ; c'est la condition essentielle pour avoir des
trous bien droits. Du reste, on en fait la vérification en poinçonnant sur un déchet de fer et on regarde si le trou est bien droit ainsi
que la débouchure ; pour peu que l'on soit un peu exercé dans le
métier, on peut se rendre compte si l'on fait de bon travail.

La pièce doit se présenter bien horizontalement sous le poinçon,
et on ne doit poinçonner le trou que quand il est bien dans le coup
de pointeau ; on peut se rendre compte, en regardant le dessus des

débouchures, si l'on n'a pas poinçonné à côté, car dans ce cas on aperçoit la marque du coup de pointeau sur le côté de celle faite par le téton du poinçon.

La Meule (fig. 77) remplace très avantageusement la lime, en produisant quatre fois autant que cette dernière, mais son emploi est dangereux, et on doit ne pas en exagérer la vitesse, laquelle doit être réglée non par le nombre de tours, mais par le nombre de mètres fait par minute.

Fig. 77. — Meule en silex.

Comme il y en a de différentes compositions et que les fournisseurs en sont responsables dans une certaine mesure, on ne doit pas dépasser la vitesse qu'ils indiquent.

Il faut entretenir les meules de façon qu'elles tournent toujours parfaitement rond et plan, et les faire sonner au marteau de temps en temps, le dimanche, par exemple, quand on ne fait pas de bruit dans l'atelier, afin de se rendre compte si une fente ne s'est pas produite comme cela arrive quelquefois en travail : le moindre défaut fait sonner creux, l'oreille exercée ne s'y trompe pas.

Les premières meules employées dans les ateliers de constructions étaient des meules de grès. Les grandes, de 2^m,50 environ de diamètre, dites meules de Saverne, sont très avantageuses pour débiter du travail, mais, d'un autre côté, elles sont très dangereuses, prennent beaucoup de place, et c'est toute une disposition spéciale à faire pour les installer.

Nous voudrions, dans l'intérêt général, les voir disparaître des ateliers, où elles sont avantageusement remplacées par les meules

3

en silex, qui débitent tout autant d'ouvrage, sont bien moins coû-teuses, moins encombrantes et bien plus vite montées.

Ces meules sont de plusieurs sortes : les unes sont agglomérées au caoutchouc, les autres à la magnésie. Elles se fabriquent à froid et subissent dans les moules des pressions jusqu'à 100 tonnes pour les agglomérer.

Aujourd'hui, étant donnée la fabrication certaine des agglomérés en général, on ferait bien de ne plus se fier à un grès dont on ne connaît pas la composition intérieure et que l'eau désagrège sûrement à la longue.

En effet, nous avons vu des meules éclater parce qu'elles servaient depuis trop longtemps : le grès avait perdu son homogénéité par l'eau et l'humidité, et cependant elles ne tournaient plus à leur vitesse normale, ayant perdu un tiers de leur diamètre.

Notre opinion est qu'on ne doit pas se servir d'une meule pendant plus de huit à neuf mois ; au bout de ce laps de temps il y a danger, parce que le grès est détérioré.

La CINTREUSE (pl. I, fig. 1) se compose de deux bâtis en fonte A et B reliés d'écartement par des entretoises en fer et portant les axes du cylindre du bas C et D, qui sont garnis de cannelures pour maintenir les fers à cintrer ; à l'extrémité de ces cylindres sont deux roues dentées E F recevant le mouvement d'une roue centrale G, sur l'arbre de laquelle est une grande roue H mue par une petite roue I clavetée sur l'arbre J commandé par les poulies K, qui reçoivent le mouvement par courroie. En haut des bâtis se trouve le troisième cylindre L à cannelure également, et ayant à ses axes extrêmes des paliers coulissant dans une rainure M, et pouvant monter et descendre à volonté par le moyen des deux vis N O ; ce cylindre sert à donner le cintre que l'on veut obtenir.

La cintreuse sert à rouler les cornières, les fers plats et les fers à T simple ou double. Ainsi que nous l'avons déjà dit, le cylindre du haut peut se mouvoir dans un plan vertical au moyen de deux vis, ce qui permet de faire des cintres de différents diamètres.

La CINTREUSE A LARGES PLATS ET TOLES (pl. I, fig. 2) sert principalement à rouler les gros tuyaux, les tôles de réservoirs, etc.

Elle diffère de la précédente en ce que les cylindres sont plus longs et lisses, et que deux se déplacent pour faire le cintrage ; celui du haut sert à serrer la pièce sur l'un des cylindres du bas pour l'entraînement, et l'autre cylindre qui est un peu sur le côté monte et descend pour faire le cintrage désiré.

La disposition la plus avantageuse dans ces machines est celle dans laquelle le rouleau supérieur est dans l'axe vertical d'un des rouleaux inférieurs, parce que cela permet de dresser les larges plats en les passant serrés entre ces deux rouleaux et en les retournant, c'est-à-dire passant d'abord en allant, puis retournant la barre pour revenir.

Le BALANCIER A FRICTION (pl. I, fig. 3) se compose de deux bâtis en fonte A et B tenus d'écartement par des entretoises en fer C et D ; ces bâtis portent dans le haut un arbre de mouvement muni de deux plateaux à friction E F ; cet arbre porte, en outre, à une extrémité les poulies de commande et à l'autre extrémité une disposition de mouvement commandé du bas et lui permettant de faire avec les plateaux à friction un petit mouvement à droite ou à gauche pour faire la friction de l'un ou l'autre des plateaux, lesquels viennent s'appliquer contre un volant H garni d'un cuir pour le faire tourner soit dans un sens soit dans l'autre. Sur ce volant est serrée une vis I à quatre filets carrés, qui fait monter et descendre le coulisseau J portant l'outil et guidé dans une glissière K. Cette glissière est elle-même serrée sur une cage en fer L portant l'écrou de la vis en haut, et est dans le bas fixée à une table qui sert à porter les contre-outils du bas au moyen de brides à griffes serrées par des vis avec écrous.

Ce balancier se place à fleur de terre. Une fosse creusée à l'avant, dans laquelle se place l'ouvrier pour travailler, reçoit toutes les débouchures si l'on découpe ou poinçonne.

C'est un outil à frapper d'une grande ressource ; il peut couper, découper, poinçonner, couder, dresser, forger, emboutir, etc., etc. Nous sommes d'avis que c'est le plus utile et le premier que l'on doit se procurer, parce qu'avec cet outil on peut faire les différents genres de travaux des outils cités plus haut, qui sont spéciaux à une opération. Ceux qui savent tirer le meilleur parti du balancier à friction peuvent en obtenir de grands avantages. Nous décrirons plus loin les principaux outils qu'on peut y adapter.

La Presse a vis (pl. I, fig. 4) se compose d'un bâti en fonte A, qui porte à son centre une grosse vis B à filets carrés au bout de laquelle est un tampon fou destiné à presser sans tourner sur les pièces. Le bâti A est muni d'une buttée en C avec des taquets saillants servant d'arrêt à des coins que l'on met à droite et à gauche de l'axe où se fait la pression, pour arrêter le fer et lui permettre de fléchir sous l'effort exercé. Il y a en outre deux petits rouleaux, écartés sur le bâti, destinés à porter la pièce et à lui permettre d'avancer ou de reculer facilement en travail. La vis B a à son autre extrémité, et clavetée, une roue dentée D commandée par un pignon claveté également sur l'arbre qui porte le volant E. Ce volant est muni tout autour de tiges saillantes pour pouvoir le faire tourner à la main et au pied, afin de donner plus de puissance au manœuvre qui le fait fonctionner.

Cette presse sert à dresser les gros fers en général, les cornières, et les fers à T simple ou double.

On l'emploie aussi pour donner une flèche ou un léger cintre aux gros fers, suivant les besoins.

La Machine a percer (fig. 78) sert à percer tous les trous de détail que l'on ne peut pas poinçonner, ainsi que les trous des jauges, modèles, gabarits. Il en existe un grand nombre de systèmes, et elles sont tellement répandues que nous croyons inutile d'en donner la description, le vu de la figure suffisant pour la comprendre.

La Riveuse mobile (fig. 79) est composée d'un bâti A en acier coulé ayant la forme d'un C. Sur ce bâti est montée la bouterolle du bas; dans le haut, existe une partie cylindrique taraudée pour recevoir un cylindre en bronze B, qui se termine dans le haut par un réservoir C séparé de l'intérieur du cylindre par une cloison; dans ce cylindre se meut un piston D en acier portant la bouterolle supérieure; ce piston est taillé en crémaillère dans une de ses parties, et un pignon commandé par la manivelle E, ou un levier si l'on veut, permet de le faire descendre pour faire la course à blanc avant l'écrasement, et remonter à volonté après.

Sur la partie en bronze B qui fait réservoir est une tubulure à bride communiquant avec le cylindre et recevant la petite pompe F ; dans cette pompe se trouve un piston G à deux diamètres combinés pour que le grand diamètre agisse au commencement quand l'effort est moindre, et qu'au tiers de la course le petit agisse seul pour faire un effort final d'une grande puissance. A l'extrémité du piston G se trouve une vis à filet carré qui passe dans un écrou sur lequel est clavetée une roue d'angle. Cette roue est commandée par une autre de même diamètre montée sur un petit arbre qui porte le volant N, lequel est muni d'une manivelle que fait tourner l'aide du riveur. Ces machines sont munies d'un manomètre indicateur de pression. L'at-

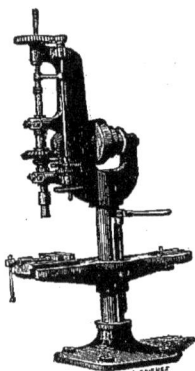

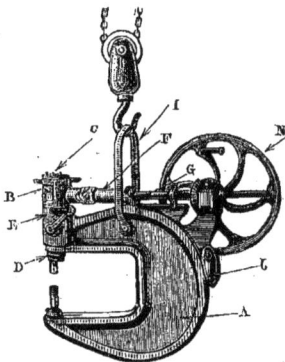

Fig. 78.—Machine à percer.

Fig. 79. — Riveuse mobile suspendue après l'attache I.

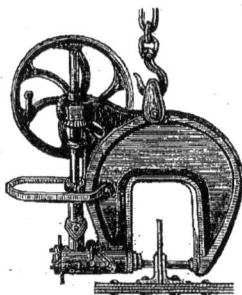

Fig. 79bis. — Riveuse mobile suspendue après l'attache J.

tache I sert à suspendre la machine à river dans son centre de gravité ; si on veut river dans un autre sens, on la suspend à l'aide de l'attache J.

Pour travailler avantageusement avec cet outil dans les ateliers, il faut (comme pour toutes les riveuses portatives, du reste)

Fig. 80. — Grue pivotante avec sa riveuse.

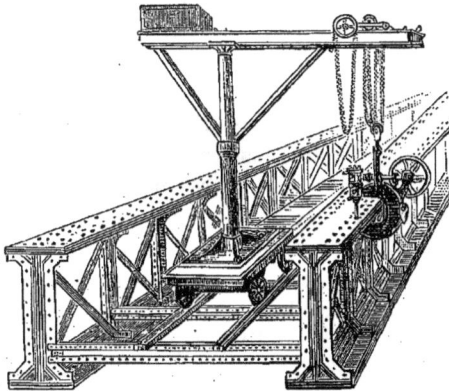

Fig. 80 bis. — Grue pivotante sur wagonnet, portant
la riveuse au montage d'un pont.

le suspendre au moyen d'un palan différentiel de 1000 kil. environ
à une petite grue pivotante de même force montée sur un poteau

fixe (fig. 80). Sur le dessus de la grue, qui est composé de deux
traverses horizontales, se meut dans toute la longueur un petit
chariot muni de galets à goues et ayant un volant commandé du
bas par une chaîne.

La poutre à river étant placée sur deux tréteaux, à l'aplomb du
milieu environ du haut de la grue, la machine pourra se promener
tout le long de la poutre pour la river, sans avoir à déplacer celle-
ci. Si c'est sur place et que l'on ait un pont à river (fig. 80bis),
la machine devra être suspendue par un palan différentiel à une
grue pivotante montée sur wagonnet roulant sur rail En haut de
la grue il y aura, ainsi que nous l'avons dit, pour le cas de l'atelier, le petit chariot roulant ; on devra monter une partie, ou le
pont à blanc avec des boulons pour qu'il serve de plancher, avec
des madriers pour faire la voie sur laquelle roulera le wagonnet de
la grue. Quand les tronçons inférieurs des poutres seront rivés, on
montera les montants, les croisillons et les tronçons supérieurs, et
on fera repasser la machine pour river toutes ces parties ; c'est
après que l'on rivera celle qui a servi de plancher, en enlevant
les rails au fur et à mesure.

Lorsque l'on veut river dans les deux cas, la machine étant
amenée à sa place de travail, on met le rivet rouge blanc la tête
en dessus dans le trou ; le riveur applique la bouterolle supérieure
dessus, puis il abaisse le piston porte-bouterolle au moyen de la
petite manivelle : la machine pivote légèrement sur son axe de suspension, et la bouterolle inférieure vient pincer la tige du rivet ;
pendant cette opération, l'aide qui est au volant s'est lancé pour
écraser le rivet, ce qui a lieu en quatre à cinq secondes, puis il dé-
tourne immédiatement pour ramener le piston de la pompe, et
l'ouvrier qui est devant l'outil relève complètement le piston porte-
bouterolle : la machine est ainsi prête à faire un autre rivet.

Pour faire une bonne rivure, il faut que les rivets soient chauffés
rouge blanc dans un four.

Cette riveuse est certainement un des outils qui rendent le plus
de services dans la construction des ponts et charpentes métalliques, au point de vue de la bonne exécution du travail et de la
grande économie de main-d'œuvre.

Jusqu'à ce jour, à part quelques machines fixes françaises très chères du reste, nous avons été tributaires des Anglais, qui en approvisionnaient nos ateliers à des prix très élevés, et l'auteur du présent ouvrage, ému de voir l'Étranger fournir ces outils à tous nos grands ateliers, chercha une machine plus simple et moins coûteuse pouvant les remplacer avantageusement.

Ses efforts ont été couronnés de succès, et il a établi une machine qu'il a appelée « hydraulique française », marchant à bras, supprimant toute la tuyauterie, pompe, accumula-

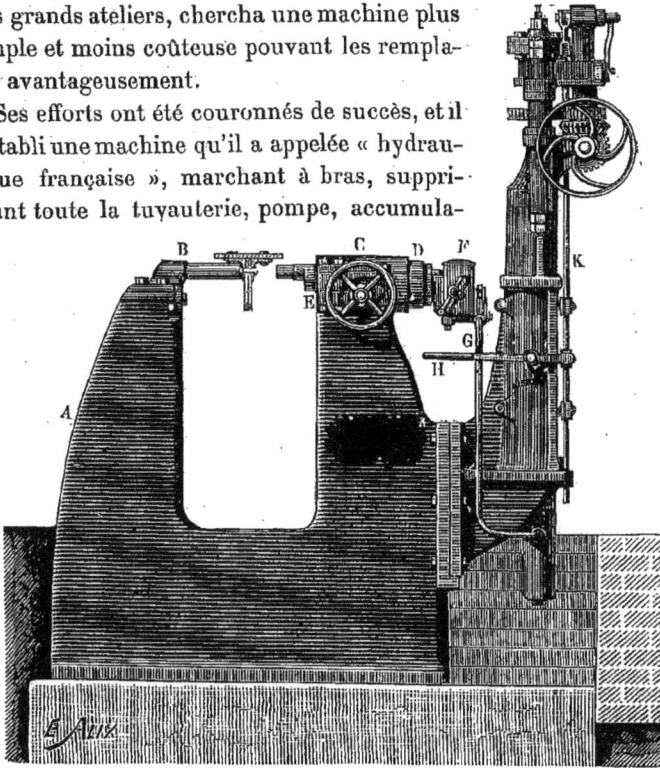

Fig. 81. — Riveuse fixe.

teur et force motrice, cette dernière évaluée au minimum à 3 chevaux-vapeur par riveuse.

Cette machine française peut, en outre, être transportée n'importe où, et ne nécessite pas de frais d'installation ; il n'y a pas à craindre la gelée, même par les plus grands froids, par la raison que trois litres d'un liquide quelconque, toujours le même, suffisent pour la faire fonctionner ; on peut donc mettre un liquide incongelable sans se préoccuper de la dépense qui, une fois faite, ne se renouvelle plus.

N'importe quel homme, pourvu qu'il soit un peu intelligent, peut les faire fonctionner.

En dehors de ces machines mobiles, il y a aussi, du même système, les machines fixes marchant par courroie (fig. 84). Elles tiennent en général, peu de place dans l'atelier ; elles ont l'avantage, étant hydrauliques, d'éviter de régler la pression chaque fois que l'on varie d'épaisseur, ce qui arrive souvent dans les charpentes de ponts. Enfin les machines mobiles et fixes sont disposées pour que la bouterolle soit amenée au contact du rivet avant l'écrasement, ce qui fait qu'ils ne sont jamais écrasés de travers, comme avec presque toutes les riveuses. La pression en est très énergique et contrôlée par un manomètre adapté à chaque machine, et le travail produit, vu de près et bien examiné par des ingénieurs compétents, a été trouvé parfait et même recommandé, parce que ce système est le seul qui, par sa marche sagement lente, ne fatigue pas du tout la matière du rivet ; ne le travaillant ni trop brusquement ni trop lentement, il en résulte que le retrait de la matière se faisant dans de bonnes conditions, n'est pas, comme dans les autres systèmes, nuisible à la résistance à la traction du rivet, et l'adhérence reste complète. Enfin l'écrasement étant fait directement quand la bouterolle emboîte la tige du rivet, il n'y a pas à craindre que les têtes soient de travers, comme cela arrive avec toutes les machines en général et avec celles à becs articulés en particulier, qui font des têtes qui ne sont presque jamais dans l'axe l'une de l'autre ni dans un sens ni dans l'autre ; il y en a surtout un que l'on voit difficilement, c'est en bout d'une poutre, et c'est plus souvent dans ce sens que l'axe est déplacé ; cela se comprend : un des becs décrivant un cercle dans sa marche, l'autre étant fixe, si l'on est obligé pour le travail de mettre un porte-bouterolle et une bouterolle les deux additionnés, donnant une longueur plus ou moins grande que celle mise sur l'autre bec, on ne passe plus par la circonférence décrite dans la marche du bec articulé, et l'on écrase sûrement de travers. Dans l'autre sens, cela existe par l'usure des tourillons et quand

un rivet se présente la tige de travers, parce que la longueur de ce
bec lui permet de fléchir à droite ou à gauche.

Ces riveuses fixes se composent d'un bâti A en fonte d'une profondeur de 1ᵐ,20; à l'un des becs est fixé un porte-bouterolle B, à
l'autre un cylindre en bronze C boulonné dessus ; ce cylindre reçoit
un piston en acier D qui porte l'autre bouterolle et a, comme celui de

Fig. 82. — Machine fixe à river pour chaudronnerie (coupe longitudinale).

la machine à main, le système spécial pour le faire avancer ou reculer à blanc, au moyen du petit volant E ou d'un levier si l'on
veut. Sur le derrière du cylindre est un réservoir F contenant le
liquide qui sert à la marche ; boulonné sur le bâti A se trouve un
contre-bâti vertical demi-creux K portant le mouvement et le corps
de pompe, qui envoie la pression dans le cylindre C par le tuyau
G, pour faire avancer le piston porte-bouterolle D.

La machine a trois poulies, une folle et deux fixes, commandées l'une par courroie croisée, l'autre par courroie droite, afin d'obtenir, suivant le déplacement des courroies, la marche avant et arrière ; ce déplacement se fait au moyen du débrayage commandé par le levier H. La machine porte un manomètre indiquant la pression faite et une soupape de sûreté à contrepoids que l'on règle sui-

Fig. 82bis. — Machine à river (coupe transversale). Fig. 83. — Palan différentiel.

vant les efforts que l'on veut au manomètre, et qui est destinée, lorsque l'on dépasse ces efforts, à se lever pour laisser aller l'eau au réservoir, ce qui arrête la pression malgré la marche.

Ces machines étant fixes, les pièces à river doivent être suspendues à un pont roulant (fig. 84) au-dessus de la machine, ou à défaut à un chemin de roulement assez large pour pouvoir déplacer le point de suspension suivant la largeur des poutres.

Lorsque la pièce est en batterie, c'est-à-dire que la ligne des rivets est bien dans l'axe des bouterolles, l'ouvrier met le rivet dans le trou la tête par derrière, puis avec le petit volant il amène le piston et par conséquent la bouterolle sur la tige du rivet, ensuite avec le levier il embraye en le maintenant jusqu'à écrasement ; une fois écrasé, il relève ce dernier : la machine change alors de marche et puis débraye automatiquement.

Avec ces machines, qui prennent environ 1 cheval-vapeur, nous avons fait des rivets jusqu'à 35 millim. de diamètre.

Il y a aussi ce même genre de machine disposé spécialement pour

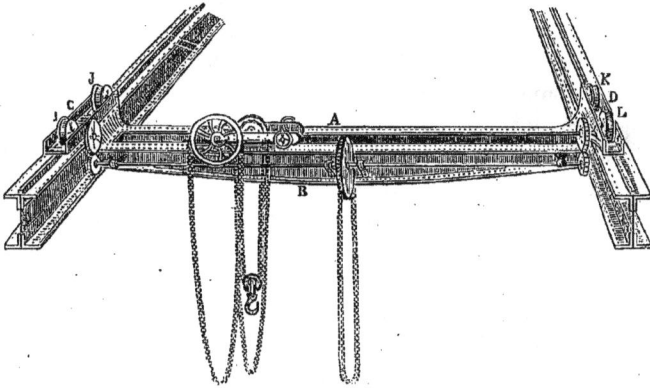

Fig. 84. — Pont roulant aérien.

la chaudronnerie (fig. 82 et 82bis). Cette disposition consiste en un contre-bâti en acier rapporté avec profondeur de 1^m,60 et très étroit, pour permettre de faire des viroles de petit diamètre ; elles ont le mouvement dans une fosse creusée horizontalement pour ne pas prendre de place dans l'atelier ; dans ce cas la commande est souterraine.

Le PALAN DIFFÉRENTIEL (fig. 83) est un palan à chaîne sans fin ; il rend des services d'autant plus grands que par sa combinaison il permet à un homme de doubler sa force.

Il est composé dans le haut d'une poulie double à nombre de

dents inégal, ce qui permet, en tirant sur la chaîne qui est enroulée après le grand diamètre de gagner de la force pour enlever la charge, et en tirant sur la chaîne enroulée sur le petit diamètre on descend la charge. La poulie du haut a un axe en acier qui porte une chape-guide de chaîne à crochet d'attache ; en bas il y a également une poulie recevant le tour de la chaîne et qui porte une chape-guide avec crochet de suspension.

Le Pont roulant aérien (fig. 84) est composé généralement pour les grandes portées, de deux poutres tubulaires A et B en forme de parabole en dessous et en dessus, portant deux rails en fer carré avec les extrémités relevées. Elles sont à un certain écartement et reliées entre elles aux extrémités par des flasques doubles verticales C D tenues entre elles et aux poutres par de grands goussets à congés très accusés afin d'empêcher la dislocation. Ces flasques reçoivent intérieurement les galets de roulement I J K L et portent les coussinets des axes de ces galets, lesquels sont en fonte et à double boudin saillant pour éviter le déraillement. Sur les rails des poutres roule un treuil composé de deux flasques en fonte entretoisées d'écartement et ayant à droite et à gauche des mamelons formant coussinet aux deux arbres qui portent les quatre galets de roulement, lesquels sont en fonte et à double boudin pour ne pas dérailler sur les poutres. Sur l'un des arbres des galets est un volant à chaîne qui fait courir le treuil sur les poutres ; ce dernier est muni d'un mouvement avec engrenages et frein commandé du bas par des chaînes, il porte en outre au milieu une noix servant à l'enroulement de la grosse chaîne de levage qui, autour d'une poulie, porte la chape et le crochet de suspension des charges ; le frein est disposé à contrepoids, il faut le soulever quand on veut descendre la charge. Le pont roulant se meut sur un chemin portant rail, et la marche est commandée du bas par une chaîne s'enroulant sur un volant claveté sur un arbre qui a la longueur du pont. Aux extrémités de cet arbre sont clavetés deux pignons qui commandent deux roues fixées sur les axes des deux galets du devant à droite et à gauche.

Chaque pont roulant étant fait ou fourni pour porter une charge

prévue, on ne doit jamais la dépasser pour éviter les accidents ; il est donc absolument nécessaire de faire le poids du paquet
ou de la pièce avant de l'enlever ; le calcul approximatif n'est pas
long : Etant donnée la section du fer vous multipliez cette section
par 8, puis par le nombre de mètres de fer et vous avez prompte-
ment le résultat, à peu de chose près.

Fig. 85. — Grue pivotante.

La Grue pivotante (fig. 85) peut se faire avec un poteau en fer
composé ou en bois, scellé avec assise assez profondément dans
un massif d'au moins 0ᵐ80 de profondeur ; sur ce poteau, à 1ᵐ50
de terre est fixée une crapaudine et en haut un collier qui reçoivent
le montant de la grue qui peut être un double I large aile, garni
de deux tourillons haut et bas.

Le haut de la grue est composé de deux fers en U formant flasque,
venant se fixer d'un bout par des goussets sur le montant à tourillons et de l'autre bout reliés par une entretoise dépassant en haut
pour servir d'arrêt au chariot, puis deux décharges en fer U inclinées à 55° environ par rapport au montant et se fixant aux

deux flasques en haut par des goussets et en bas sur le montant à tourillon avec des goussets également, mais à grands congés.

Sur les fers en U formant les traverses du haut, roule un petit chariot composé de deux flasques en tôle reliées par des entretoises et servant à porter les douilles faisant coussinet à deux axes portant les galets, qui sont à double boudin pour ne pas dérailler ; sur l'un de ces axes à côté d'un des galets est un volant portant la chaîne qui pend jusqu'en bas et sert à imprimer la marche.

A ce chariot est attaché le palan différentiel portant la machine à river.

DEUXIÈME PARTIE

TRAVAIL DES FERS. TRACÉS

CHAPITRE PREMIER
FABRICATION ET LAMINAGE DU FER

« Le fer généralement employé dans les constructions métalliques, n'est autre que de la fonte décarburée.

« La fonte est un composé de fer et de carbone, mélangé d'impuretés se présentant dans des proportions variables : c'est le silicium, le soufre, le phosphore et le manganèse.

« La décarburation de la fonte pour obtenir le fer se fait dans des fours à puddler, qui éliminent en grande partie le carbone et toutes les matières étrangères, et cela au moyen de la chaleur, de l'oxygène de l'air et de la scorie.

« Le fer ainsi obtenu est très bon, lorsqu'il ne contient plus que 10 à 15 p. 0/0 de carbone. Celui que l'on emploie généralement dans la construction des ponts et charpentes en contient 25 à 30 p. 0/0. On en livre même de certaines forges qui en contient encore plus ; mais il est aigre, cassant facilement et est presque toujours refusé aux essais. Le fer obtenu par la décarburation n'est qu'ébauché, il n'a ni assez de corps ni assez d'homogénéité et est encore trop impur pour être employé. Il faut qu'il soit chauffé à nouveau et qu'un laminage le purifie des scories qu'il contient encore. Pour cela, des barres d'ébauché de la qualité voulue sont coupées à la longueur et réunies ensemble pour former un paquet que l'on réchauffe dans un four spécial. Ce paquet, amené au blanc soudant, est alors laminé, c'est-à-dire passé entre deux cylindres tournant

en sens inverse, qui, par leur pression, chassent les scories contenues dans le paquet et l'allongent en proportion de la diminution
d'épaisseur qu'ils lui font subir. Pour tous les fers autres que les
tôles on emploie, au lieu de cylindres lisses, des cylindres présentant
des creux dits cannelures.

« Cannelures. — Ces cannelures sont tantôt partagées également
entre le cylindre supérieur et le cylindre inférieur, tantôt partagées
inégalement et tantôt contenues entièrement dans le cylindre inférieur. Les dimensions, la suite et la disposition de ces cannelures
ont une importance considérable pour la bonne exécution du profil
cherché.

« On doit faire entrer dans le tracé d'une cannelure la dimension
de la section, qui doit être dans un rapport convenable avec la section précédente, et déterminer les parties de cette section pour lesquelles la hauteur étant plus faible que celle de la section précédente, fera subir au fer en cet endroit une pression correspondant
à cette diminution ; on doit aussi veiller aux parties qu'il faut éviter de trop isoler, de peur qu'elles se refroidissent au point de ne
plus pouvoir supporter les dernières passes qui donnent le profil
définitif.

« Quoique le tracé des cannelures dépende de la nature du fer
composant le paquet, et si le paquet contient des fers corroyés,
bien qu'il faille aussi tenir compte d'influences multiples dues au
travail même qu'il est très-difficile de prévoir exactement et qui
donne presque toujours lieu à une retouche des cylindres après le
laminage des premières barres, le tracé des cannelures reste toujours soumis aux règles générales suivantes: La dernière cannelure ou cannelure finisseuse aura le profil du fer que l'on veut produire, agrandi dans les proportions exigées par le retrait. Cette valeur du retrait varie avec la température à laquelle le fer passe dans
la dernière cannelure; et cela dépend premièrement de la chaleur
initiale du paquet, et deuxièmement du temps que les ouvriers em-
ploieront pour le laminage de la barre, temps qui varie très peu
lorsqu'il ne se produit pas d'accident amenant du retard dans une
cannelure. En marche courante les paquets sont également chauffés;

le temps employé au laminage est le même pour toutes les barres, la température de la barre laminée ne varie donc pas et le retrait reste constant.

« La section de la cannelure finisseuse étant déterminée, il s'agit de la distribuer sur les deux cylindres de manière que la barre produite sorte bien droite ; pour cela il faut que le centre de gravité de la section soit à égale distance des axes des deux cylindres, et que la somme des pressions qui agissent d'un côté de la verticale passant par ce point soit égale à la somme des pressions qui agissent de l'autre côté. En pratique, pour prévenir l'enroulement de la barre autour du cylindre supérieur, on cherche toujours à la rabattre vers le cylindre inférieur qui se trouve protégé contre cet enroulement par des organes spéciaux ; le moyen employé pour obtenir ce résultat sans modifier la répartition de la section dans les deux cylindres, est de donner au cylindre mâle un diamètre un peu supérieur à celui du cylindre femelle.

« La dernière cannelure ainsi obtenue on détermine les autres, qui doivent remonter successivement à la forme primitive du paquet, c'est-à-dire à la section rectangulaire. Le nombre de ces cannelures dépend essentiellement du profil à obtenir et aussi de la nature du fer. Il y aurait avantage au point de vue du travail à se servir d'un très-grand nombre de cannelures, pour éviter au fer les déchirements causés par un changement trop brusque de section ; mais, d'un autre côté, la rapidité du travail et la dépense qu'occasionnerait une trop grande quantité de cannelures exige que leur nombre soit aussi faible que possible.

Connaissant la nature du fer que l'on doit laminer, le profil à produire et la section du paquet que l'on emploie, on s'impose pour le passage d'une cannelure à l'autre une pression déterminée, d'où l'on déduit immédiatement le nombre des cannelures. Ces cannelures se répartissent sur deux paires de cylindres, les premiers dits dégrossisseurs, les seconds finisseurs ; pour éviter la dépense d'une trop grande quantité de cylindres, on réunit sur une même paire de finisseurs des profils analogues ne différant que par une faible modification dans une dimension, et on cherche à utiliser la même paire de dégrossisseurs pour plusieurs paires de finisseurs.

« Les cannelures d'un cylindre sont séparées les unes des autres par un renflement ou COLLET. Lorsque les deux cylindres ont des collets tangents la cannelure est dite OUVERTE ; lorsqu'au contraire un seul des cylindres porte des collets qui pénètrent dans les gorges correspondantes du second, la cannelure est dite FERMÉE OU A EMBOITEMENT.

« La figure 86 représente une paire de cylindres à cannelures ouvertes servant de dégrossisseurs pour fers carrés ou méplats ; les cannelures ogivales, celles pour fers ronds, etc., sont également ouvertes.

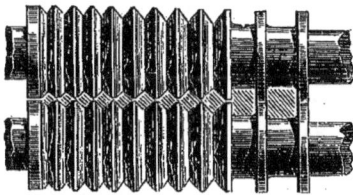

Fig. 86. — Cannelures ouvertes.

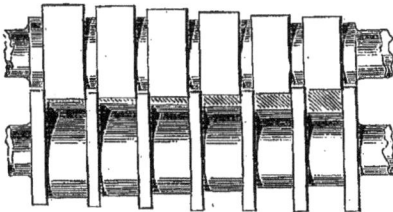

Fig. 87. — Cannelures fermées.

« La figure 87 représente une paire de cylindres à cannelures fermées ; ce sont des cylindres finisseurs pour fers plats ; on peut faire varier dans une certaine limite l'écartement de ces cylindres pour produire différentes épaisseurs sans que les collets du cylindre inférieur cessent de pénétrer dans les gorges correspondantes du cylindre supérieur.

« L'inconvénient de cet avantage est le jeu qu'il faut laisser au collet pour lui permettre un libre mouvement dans la gorge ; ce jeu s'augmente assez vite par l'usure, et le fer n'étant plus pressé sur toute sa surface contre le fond de la cannelure, se lamine avec une ou deux bavures sur les bords (fig. 88).

« Pour les fers profilés qui exigent une exactitude plus grande on évite ce défaut au moyen de cannelures fermées dites à emboîtement (fig. 89). Le collet est raccordé aux flancs de la cannelure par une partie inclinée correspondant à une inclinaison semblable ménagée dans le cylindre mâle. Ce dernier, guidé par ces surfaces inclinées, pénètre dans le cylindre femelle à la manière d'un coin et se maintient forcément en place. Le frottement des cylindres l'un sur l'autre se produit sur les surfaces inclinées, et l'usure qui en résulte se fait sans déformation pour la cannelure.

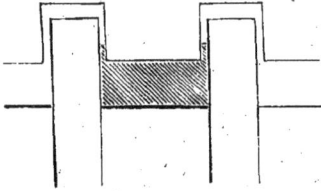

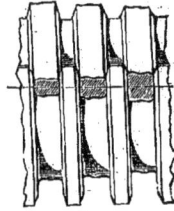

Fig. 88.   Fig. 89. — Cannelures à emboîtement.

« Nous avons vu que la transformation de la loupe cinglée en barre se fait par un laminage dans des cannelures ogivales puis rectangulaires ; les cannelures ogivales sont également employées pour le dégrossissage des fers ronds, carrés ou plats ; les paquets y sont bien comprimés et soudés.

« Ces cannelures se tracent en prenant comme largeur de la première le diamètre du paquet à laminer, et comme hauteur une dimension dont le rapport avec la largeur est déterminé par la pression que doit donner la cannelure. La cannelure suivante a une largeur un peu supérieure à la hauteur de celle qui la précède ; à chaque passage on retourne la barre de 90°.

« Cette règle est adoptée aussi pour les cylindres finisseurs de fers ronds ; les cannelures y ont une forme légèrement elliptique.

« Nous donnons, fig. 91, la série des cannelures servant au laminage des cornières égales.

« Et, fig. 90, les cannelures pour laminage de fers à double **T** de grande dimension ; ce dernier croquis indique en même temps la fabrication des fers à simple **T** et des fers à **⌐**. Toutefois, pour appliquer ce tracé à ces deux derniers profils, il faudrait tenir compte des principes généraux du laminage ; ainsi pour les fers à **⌐** on aurait soin de laisser jusqu'à la fin un renflement aux angles inférieurs pour maintenir cette partie chaude jusqu'à la fin et que sa compression dans la dernière cannelure produise un angle bien vif (fig. 92).

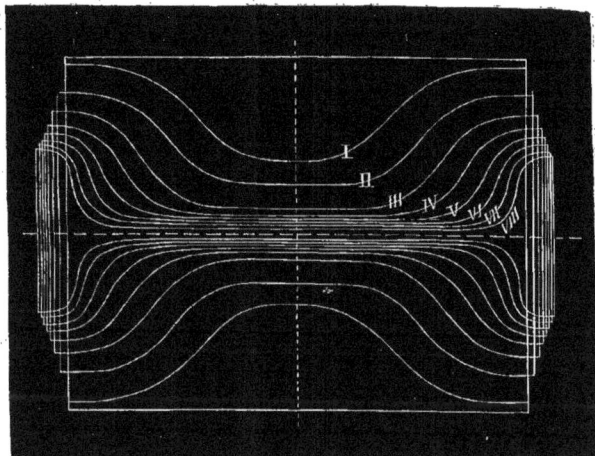

Fig. 90. — Cannelures pour fers à double T.

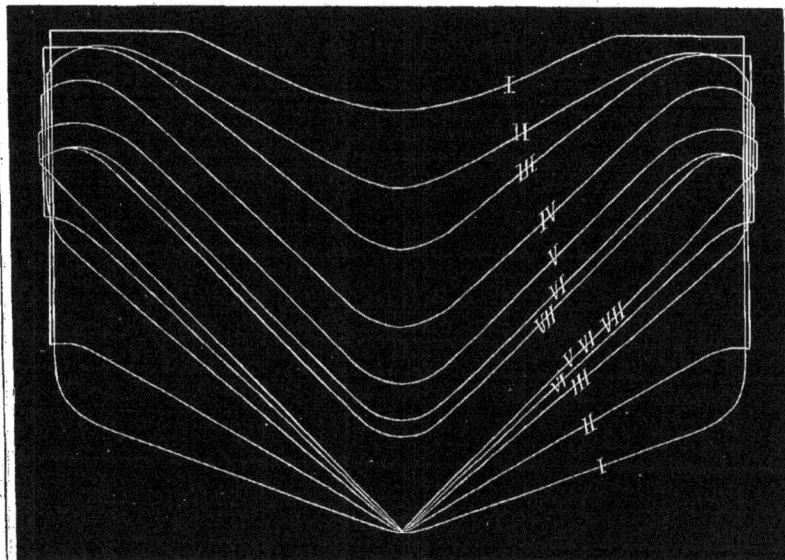

Fig. 91. — Tracé des cannelures pour cornières.

Une bonne méthode pour vérifier un tracé de cannelures consiste à découper des calibres en papier ou mieux en métal tel que du zinc. Ces calibres donnent par leur poids la décroissance des sections et aussi le poids du fer fini; ils servent en même temps à vérifier le tournage des cylindres et à contrôler leur déformation pendant le travail (1).

Fig. 92.

(1) La MÉTALLURGIE : le fer, l'acier, la fonte, l'or, l'argent, le cuivre, le bronze, le plomb, l'étain, le zinc, le nickel, etc. Par MM. Dupuis, Anceau (Georges), Dahifol, Delaporte et Dufréné (Hector), ingénieurs civils. 1 vol. gr. in-8°, 376 pages, 155 figures et 17 planches. Prix : 15 francs. — Eugène Lacroix, éditeur, Paris.

CHAPITRE II.

PRINCIPAUX FERS EMPLOYÉS ET ESSAIS
A LEUR FAIRE SUBIR.

Dans la construction des ponts et charpentes métalliques, on emploie tous les fers marchands et spéciaux en général. Il y en a d'une infinité de formes et de dimensions; pour ne pas être entraînés trop loin, nous allons seulement nous occuper des principaux, employés le plus couramment dans les ponts et charpentes.

Nous citerons d'abord les larges plats, qui se laminent depuis 175 $^m/_m$ jusqu'à 800 $^m/_m$ et dans des longueurs qui vont jusqu'à 12 mètres environ; les épaisseurs vont de 5 à 15$^m/_m$ suivant les besoins.

Les grandes largeurs ne peuvent s'obtenir couramment qu'avec une épaisseur d'au moins 8 à 9$^m/_m$, et une longueur de 8 à 9 mètres au plus; lorsqu'on dépasse ces dimensions, ils sont très difficiles à obtenir. Du reste, comme conclusion, nous dirons que les forges en général ne laminent pas couramment de barres pesant plus de 460 à 465 kilos.

Les plats sont les fers au-dessous de 175 $^m/_m$; ils se font de la largeur demandée et de n'importe quelle épaisseur.

Les tôles se font de toutes largeurs jusqu'à 3 mètres environ, sur des longueurs qui peuvent être d'autant plus grandes que la tôle est moins large.

On fait aussi des tôles à nervures en losanges ou en carrés, que l'on appelle TOLES STRIÉES ET QUADRILLÉES; elles servent de planchers et de trottoirs aux ponts et se font dans les mêmes dimensions que les autres tôles.

Les cornières (fig. 93) se font à branches égales ou inégales, de

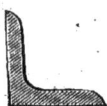

Fig. 93.
Cornière.

Fig. 94.
Couvre-joint.

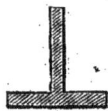

Fig. 95.
T simple.

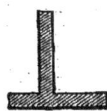

Fig. 96.
T à côte sur le côté.

4 à 17 $^m/_m$ d'épaisseur, suivant la largeur des branches et d'une longueur de 12 à 13 mètres, suivant les besoins.

On en fait aussi à angles arrondis pour servir de couvre-joints à deux cornières bout à bout (fig. 94).

Les largeurs des ailes peuvent varier de 16 à 150 $^m/_m$ et même davantage.

Les fers à T simple (fig. 95), se font dans beaucoup de dimensions ; on appelle la côte ou nervure la partie qui vient sur le milieu de l'autre, que l'on appelle le chapeau.

Il se fait quelques petites dimensions avec la côte sur le côté du chapeau (fig. 96), et avec lesquelles on fait des châssis ouvrants pour les toitures.

Lorsqu'on veut indiquer un échantillon de fer à T simple, on énonce d'abord la largeur du chapeau et ensuite celle de la nervure.

Ces fers servent de montants ou de croisillons dans les ponts ; les petits échantillons sont destinés à recevoir des vitrages ou des remplissages en planches.

Les fers en forme d'⊔ (fig. 97) se font également de beaucoup de dimensions ; ils servent à former les croisillons dans les ponts et les sablières dans les charpentes.

Fig. 97. — Fer U.

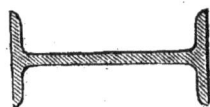

Fig. 98. — Fer à T double.

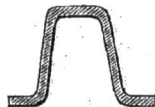

Fig. 99. — Fers Zorès.

Les fers à T double (fig. 98), servent souvent d'entretoises et poutrelles dans les petits ponts, et aussi de longerons dans les grands.

Ils s'emploient en général dans la construction des combles, des pans de fer et des planchers.

Les fers Zorès (fig. 99) sont peu employés ; ils servent dans les ponts pour former remplissage et recevoir la maçonnerie quand il y a des voûtes en briques.

Nous sommes partisan de la suppression de leur emploi, d'abord parce qu'ils sont difficiles à obtenir bien laminés, puis ils offrent généralement moins de résistance à la traction que les autres fers, enfin leur emploi n'est pas économique.

Les fers ronds servent à faire les garde-corps soit comme montants, soit comme traverses.

Dans les combles on les emploie à faire les tirants, les poinçons et les tringles des lanternes.

Les fers demi-ronds servent à faire les lisses ou mains-courantes des garde-corps et quelquefois leur remplissage.

CHAPITRE III.

ESSAIS DES FERS. — DIMENSIONS
DES ÉPROUVETTES.

Les cahiers des charges prescrivent toujours des essais avant la mise en œuvre des travaux.

Ils se font de deux manières : à chaud et à froid.

Comme essai à chaud, il est souvent demandé de rouler un fer plat, un fer cornière, ou en U ou en T, pour former un cercle suivant un diamètre donné, d'après la section de ce fer.

Après le travail il ne doit présenter ni criques ni dessoudures.

Ceci n'a de valeur pour nous que lorsque ces fers sont destinés à être travaillés à chaud ; et cependant on prescrit généralement ces essais pour des travaux faits complètement à froid, c'est ce qui nous fait douter de la justesse des conclusions que l'on peut en tirer.

L'essai à froid consiste à ployer à 45° et à redresser un fer sans qu'il présente après cette opération aucun défaut.

Ensuite nous avons les essais à la traction, qui sont les plus répandus, et toujours exigés par les agents chargés d'appliquer le cahier des charges.

Ces essais se font avec des barrettes que l'on découpe dans les fers destinés à l'ouvrage à exécuter.

Elles ont, à moins de données spéciales, la forme et les dimensions indiquées fig. 100 et 101.

Il y en a de formes différentes suivant qu'elles doivent, être tractionnées avec des broches ou des griffes, dans le premier cas elles ont deux trous pouvant recevoir des broches dont la section doit être plus forte que celle de l'éprouvette ; dans le second elles ont deux parties plates pour être prises par des griffes selon le système de la machine qui sert à faire les essais. Il y a aussi l'éprouvette en travers (fig. 102), c'est-à-dire en travers du fil du fer.

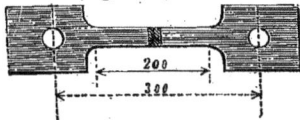

Fig. 100. — Eprouvette.

Fig. 101. — Eprouvette.

Fig. 102.
Eprouvette en travers.

En général, pour bien faire ces éprouvettes, il faut débiter une bande de la plus grande largeur de l'éprouvette et de sa longueur, puis tracer la forme que l'on veut donner, pointer, les uns contre les autres, des trous tout autour du découpage à faire, et percer.

Ensuite on fera tomber les déchets que les trous auront séparés et on achèvera l'éprouvette à la lime, afin de ne pas fatiguer le fer. On peut, au lieu de percer, raboter ou faire à la fraise; cela dépend de l'outillage dont on dispose et de la quantité d'éprouvettes à faire car, dans le cas où il y en a plusieurs, on les met en paquet pour les découper ensemble.

Pour les fers laminés ordinaires, les conditions moyennes les plus rationnelles exigées sont :

En long : 34 à 36 kil^s. au minimum de résistance par millimètre carré de section et 6 à 7 0/0 d'allongement final.

En travers : 25 à 26 kil^s au minimum de résistance par millimètre carré de section sans allongement.

Pour les tôles, les éprouvettes se font de la même façon, seulement les conditions sont :

En long : résistance de 36 à 38 kil^s par millimètre carré de section avec allongement de 8 à 12 0/0.

En travers : résistance de 32 à 34 kil^s avec allongement de 6 à 7 0/0.

Les principales machines qui servent à faire les essais sont les machines hydrauliques système Thomasset, celles à romaine Chauvin et celles à romaine Falcot-Meret. Mais ces machines, par leur gros volume, leur prix élevé et la force à dépenser pour les faire fonctionner, ne sont pas à la portée de tous les ateliers, et cependant la nécessité s'en fait de plus en plus sentir en raison du développement croissant des constructions métalliques et de la fabrication du fer, qui, n'étant pas toujours bien traitée à cause des bas prix que l'on est obligé de faire, a amené Messieurs les Ingénieurs à être plus rigoureux sur leurs cahiers des charges en exigeant des résistances plus grandes et des essais plus nombreux.

C'est en raison de ces faits que l'auteur du présent ouvrage a imaginé une machine à la portée de tous les ateliers par son petit volume, son prix modique et sa marche régulière, facile à contrôler par n'importe qui.

Cette machine (pl. 2), réunit les deux systèmes dont nous avons parlé plus haut ; elle est hydraulique à romaine, un homme seul peut la faire fonctionner et elle est en outre pourvue d'un appareil enregistreur avec lequel l'éprouvette elle-même marque sa limite d'élasticité et trace sur un papier placé sur une planchette le diagramme de ses allongements correspondant aux différentes charges.

La même machine peut en outre, sans rien y ajouter ni retrancher, faire la flexion et la compression.

Avant d'expliquer comment on fait les essais, il est utile de savoir que l'on appelle limite d'élasticité, le moment où sous la traction les molécules du fer commencent à se désagréger ; c'est à cet instant précis que commence l'allongement du métal ; or il est très difficile de bien saisir ce moment sur les machines hydrauliques Thomasset où c'est une colonne de mercure qui indique les charges ; on ne l'apprécie que parce qu'il se produit une petite secousse au mercure, et cela n'est pas facile. Dans celle que nous venons de décrire, c'est le crayon qui, en recevant la secousse, fait une rature qui indique cette limite, puis il trace sa courbe d'allongement ; comme le papier mis sur la planchette est préalablement divisé en ordonnées et en abscisses correspondant aux différentes charges, on voit qu'il n'y a pas lieu de s'en préoccuper. Quand l'essai est terminé, toutes les opérations sont consignées mathématiquement et d'une façon automatique sur le papier.

Quant à la vérification de la machine elle est facile, puisqu'il n'y a qu'à équilibrer les leviers de la romaine.

DESCRIPTION DE LA MACHINE HYDRAULIQUE A ROMAINE (pl. 2).

La machine hydraulique à romaine (pl. 2), se compose de deux bâtis principaux en fonte A et B, reliés entre eux dans le bas par deux entretoises en fer C et D, et en haut par deux grosses traverses rondes E et F.

Sur ces traverses, à droite, est monté le cylindre P de traction, serré dessus au moyen de chapeaux ; ce cylindre porte un raccord à bride S amenant par un tuyau ɪ la pression du compresseur. Dans ce cylindre est un piston en acier Q avec garniture en cuir et tige dont le bout fileté vient dans l'écrou R, ce piston est armé en outre d'un fort ressort à boudin J butté d'un côté sur le cylindre P et de l'autre sur un écrou pour rappeler toujours le piston Q au fond du cylindre après les essais. L'écrou R est en acier et fileté d'un bout à gauche, de l'autre à droite pour tendre l'éprouvette ; il est garni de quatre poignées pour le tourner ; à son extrémité de droite est vissé le mors T qui est en acier et disposé pour glisser sur les traverses E et F, il tient l'éprouvette pendant la traction. A la suite se trouve un mors semblable U en acier, vissé dans le cylindre V ; il tient également l'éprouvette. Le cylindre V est en acier, et a dans l'intérieur un piston en acier garni de cuir, destiné à comprimer du liquide quand il reçoit l'effort de traction ; sur le dessus est monté un raccord avec un petit piston en cuivre rouge à l'intérieur, et destiné à céder sous la pression de l'eau et à aplatir un jeu de couples de ressorts Belleville, tenant coup à l'effort exercé tout en s'écrasant pour produire un mouvement qui fait avancer une crémaillère clavetée sur l'extrémité extérieure du petit piston ; au-dessus se trouve, monté sur un support ɪ, un cadran divisé en centaines et en mille ; sur ce cadran se meut une aiguille sur l'axe de laquelle est monté le petit pignon qui engrène avec la crémaillère, de sorte que le mouvement de la crémaillère produit par le piston portant les ressorts Belleville, fait tourner le pignon et l'aiguille qui se trouve sur le même axe ; on a donc de ce fait l'indication des tractions par le cadran. Le piston qui est dans le cylindre V a une tige filetée montée sur la bride en acier Y, qui reçoit le grain du couteau de la bascule de l'axe principal Z de romaine. Cet axe est en acier et est supporté par deux mains AA, à douille prise dans les traverses E F ; ces mains sont garnies de grains en acier recevant les couteaux montés sur l'arbre Z. A l'extrémité de cet arbre est claveté fortement le levier D D, le principal de la romaine ; il est en acier ; à son extrémité est une bride en acier т qui porte les grains des couteaux du levier DD et de celui EE, qui a son autre extrémité maintenue avec le levier F F par une bride u portant les grains qui reçoivent les couteaux de ces leviers. Celui E E est divisé par centaines avec un curseur K K et celui FF par mille avec un curseur I I. Ce dernier a en outre à son extrémité droite une partie qui dépasse avec un contre-poids H H pour régler l'équilibre du tout. Ces leviers sont portés en outre sur la machine par un support G G fixé sur la traverse E.

Le poids de tous ces leviers, qui agit au bout de l'arbre Z, est maintenu en équilibre à l'autre extrémité par le levier BB au bout duquel est le contrepoids CC.

La manœuvre se fait au moyen du volant à manette M qui commande un arbre L au bout duquel est clavetée une vis sans fin K, qui commande la roue H. Cette roue est montée serrée sur la vis G laquelle a le compresseur N pour écrou. Ce compresseur est en bronze chambré pour noyer la vis, de sorte que, en tournant celle-ci, on le fait avancer ou reculer pour faire la compression dans le cylindre O, qui est monté serré sur la traverse F. Ce cylindre est à bride sur le devant et reçoit deux boulons qui vont se fixer sur une entretoise B B de façon à tenir le recul produit par la pression exercée. La roue H possède en outre une came I avec deux taquets à ressorts pour pouvoir, quand l'opération est terminée, la rendre folle et ramener directement le piston du compresseur au moyen du petit volant J.

L'appareil servant à tracer la limite d'élasticité et le diagramme des allongements est placé sur un support fixé au mors U ; il se compose d'un cadre à coulisse dans lequel glisse une feuille de cuivre destinée à recevoir le papier. Ce cadre porte un crayon maintenu par un ressort au bout, à droite et de l'autre il est tiré par un fil qui vient s'enrouler sur une poulie clavetée à côté de la petite roue qui est sur l'axe de l'aiguille, de sorte que quand cette aiguille tourne la poulie enroule le fil et tire le crayon. D'un autre côté l'éprouvette porte deux petits coups de pointeau à 200 millim. d'écartement ; dans ces coups de pointeau sont mises deux petites presses à pointes disposées pour recevoir deux branches articulées dont l'une remonte en l'air et sert à attacher le fil qui, suspendant la feuille de cuivre, vient se guider sur une poulie et s'attacher après la branche articulée, de sorte que quand l'éprouvette travaille à la traction, ce travail se transmet à l'articulation, qui le transmet à la planchette pour la faire monter si l'éprouvette s'allonge, puisque la tige du compas tend à décrire un cercle qui la fait tirer sur le fil. D'un autre côté le crayon reçoit le mouvement de l'aiguille au fur et à mesure de la traction, il en résulte deux mouvements qui font tracer d'abord la limite d'élasticité par une rature au début, et la courbe ensuite ; le papier placé sur la planchette étant divisé suivant les efforts exercés, on a ainsi les charges à tous les points de la courbe.

Si on veut faire de la flexion il suffit de mettre entre les mors une fausse éprouvette fournie avec la machine, puis de placer la pièce sur le support du bâti A contre les deux couteaux c D et de faire marcher la machine qui indiquera la flexion dans tous ses détails comme elle le fait pour la traction. Si on veut faire de la compression on enlève le couteau du piston, on met un tampon disposé exprès à la place et on fait la compression sur le bâti A, en enlevant les coussinets mobiles portant l'arbre et les couteaux c. D.

CHAPITRE IV.

ORGANISATION D'UN ATELIER

de constructions métalliques
dans Paris ou dans tout autre endroit où le terrain est cher.

Un atelier de construction de Charpentes et Ponts doit, avant tout, être vaste, et avoir :

Une bascule d'entrée et une de sortie des marchandises ; un emplacement spécial à proximité de la bascule pour y grouper tous les travaux terminés avant leur départ, lequel n'a souvent pas lieu de suite.

Etant presque toujours composé de plusieurs halles, il doit être pourvu d'une voie en travers desservant lesdites pour l'enlèvement des travaux terminés et d'une seconde voie à côté servant à transporter les fers bruts pour être travaillés. Ces fers doivent être amenés par les camions dans la cour où se fait le classement afin d'éviter les manœuvres dispendieuses.

La première voie doit correspondre directement à la bascule de sortie et à l'emplacement recevant les travaux fabriqués ; la seconde, doit partir de la cour où tous les fers sont classés par numéros de commandes pour pouvoir les distribuer dans toutes les halles en passant par le dressage, qui doit se trouver à proximité de cette voie.

Cette distribution ainsi que la sortie se fait au moyen de ponts roulants aériens établis dans chaque halle, qui doit aussi être pourvue de cisailles et de poinçonneuses afin de ne pas être obligé de passer les fers dans une autre pour les travailler. Dans tous les cas ce ne doit être qu'exceptionnellement qu'on effectue un transbordement pour lequel il existe un genre de crochet (fig. 103) disposé pour passer facilement

Fig. 103
Crochet triple.

5

une charge d'un pont roulant aérien sur un autre dans une halle à côté.

Comme on le voit, c'est un crochet triple ; le haut, qui est double, s'accroche facilement à deux ponts à la fois, et le bas tient la charge; puis, au fur et à mesure que l'on fait descendre ladite charge, le pont que l'on a accroché en dernier la tire pour la soulever et elle passe ainsi de l'un à l'autre.

Les machines-outils, comme nous l'avons déjà dit, doivent être installées à distance l'une de l'autre pour ne pas se gêner mutuellement dans le travail. Les fers qui y sont apportés doivent toujours être bien rangés et disposés pour être pris facilement par le cisailleur ou le poinçonneur. Tout doit être propre et constamment en ordre pour éviter les accidents, qui n'arrivent le plus souvent que par la confusion et le désordre.

S'il s'agit d'organiser un atelier dans un endroit où l'emplacement n'est pas limité, on remplace les ponts roulants aériens par des voies qui sillonnent les ateliers dans tous les sens et avec des courbes à grand rayon pour changer de direction facilement. Ces voies doivent être solidement installées et les wagonnets destinés à rouler sur ces voies doivent être très bien établis, cela toujours pour faciliter le travail et éviter les accidents.

Nous émettons en principe que l'on a intérêt à bien payer les chefs ouvriers, traceurs ou chefs d'équipe, s'ils sont capables et sérieux, car ils sont l'âme du travail.

Ils doivent veiller à l'ordre et à la propreté dans les ateliers. On ne doit pas négliger d'entourer de bois ou de tôle toute machine qui présente du danger à son contact; les outils doivent toujours être servis par les mêmes hommes ; ce doit être aussi toujours le même qui s'occupe de la mise des courroies et il doit être habillé de façon à ne pas être pris facilement. Quand il met les courroies à la perche, celle-ci doit être assez longue pour que, s'il s'accroche en haut, le bas ne puisse le frapper à la poitrine ou au ventre.

Si la courroie ne peut se mettre à la perche, on doit faire arrêter la machine pour la placer, la mise à la main en marche offrant trop de danger ; à ce propos nous voudrions voir à toute transmission installée dans les ateliers, des débrayages tous les trois ou quatre mètres afin de pouvoir arrêter de suite la partie de transmission où il arrive un accident ; cet arrêt étant instantané et pouvant être fait par le premier qui voit l'accident, on éviterait bien des malheurs, attendu que généralement quand il arrive qu'un ouvrier est pris, la machine à vapeur n'est pas arrêtée avant deux ou trois minutes employées à aller prévenir le chauffeur (il y a quelquefois loin), puis la machine, qui est lancée ainsi que toutes les transmissions, met relativement longtemps avant de s'arrêter et il arrive qu'un petit accident en devient un grand. Les meules doivent aussi être surveillées de très près et ne pas faire plus de tours à la minute qu'il n'est convenu ; on ne doit jamais les laisser tourner faux-rond et la table d'appui pour meuler doit être contre, afin de ne pas prendre de pièce entre cette table et la meule. Nous l'avons déjà dit, elles doivent être sonnées au moins tous les huit jours, le dimanche, quand on ne travaille pas. C'est un outil qui avec beaucoup de précaution n'est pas plus dangereux qu'un autre.

Les chefs d'ateliers ou contre-maîtres doivent veiller aussi à ce que l'on n'enlève pas plus de charge que les ponts ne peuvent porter ; tous les engins de levage doivent être examinés minutieusement au moins tous les mois. Ils doivent aussi s'appliquer à distinguer les aptitudes de leurs ouvriers et leur confier le genre de travail qu'ils sont le mieux à même de mener à bien.

Nous savons que cette manière de procéder n'est pas la même chez quelques constructeurs, en petit nombre du reste.

Ils ont un grand nombre de dessinateurs, dressent l'étude d'ensemble d'un travail, puis font des dessins de détail de chaque pièce, et encore des dessins à part de chaque fer composant cette pièce avec les trous, les coupes et les calibres s'il y a lieu.

De la sorte le travail est complètement détaillé, et l'ouvrier n'a plus qu'à suivre servilement ; cela leur permet de prendre les premiers venus et de ne pas les payer cher.

A première vue, c'est assez logique ; mais, dans la pratique, il n'en est pas de même, attendu que, malgré que le travail soit très simplifié, les hommes employés trouvent encore le moyen de se tromper. Cela se comprend, du reste : ils ne sont habitués à déployer aucune intelligence et ne peuvent mettre de goût à ce qu'ils font.

Maintenant, si l'on veut se rendre un compte exact et que l'on additionne tous les frais, on ne tarde pas à s'apercevoir que l'on fait fausse route.

C'est notre opinion, du moins.

Les dessins d'un ouvrage, pont ou charpente, étant remis au chef d'atelier ou au contre maître, il les étudie d'abord pour bien les comprendre et se rendre compte du travail, puis voir s'il ne s'est pas glissé d'erreur de cote, et enfin s'il n'y a pas d'assemblages trop coûteux ou défectueux que l'on pourrait encore modifier; ensuite il les remet au traceur en lui expliquant le plus clairement possible.

Ce dernier commence par les étudier jusqu'à ce qu'il ait tout compris, le chef d'atelier étant là pour lui expliquer ce qui pourrait lui paraître obscur.

Avant de donner aucune explication sur la manière d'exécuter les travaux, nous poserons en principe qu'étant donné que l'on assemble des fers bruts les uns contre les autres, il faudra toujours laisser du jeu de chaque bout des pièces.

Ce jeu devra varier suivant les cas, c'est-à-dire que, quand il y aura de 3 à 4 pièces à la file l'une de l'autre, s'assemblant entre elles sur une autre par travées, on ne ménagera que $1\ ^m/_m$ à $1\ ^m/_m\ 1/2$ de jeu de chaque bout, et cela pour rattraper les aspérités du fer brut.

Si l'on a 15 à 20 pièces et plus s'assemblant entre elles pour former la longueur d'un ouvrage, on ménagera deux à trois millimètres de jeu à chaque extrémité afin de ne pas dépasser la longueur totale.

Les trous d'attache et autres existant dans les pièces seront à la cote rigoureuse demandée et tracés à partir de l'axe de la pièce à droite et à gauche. Il n'y aura que les extrémités des pièces qui seront un peu plus courtes.

Ce jeu, bien entendu, ne doit exister que dans les pièces aux extrémités desquelles il y a des attaches pour s'assembler sur d'autres.

Dans les jonctions d'âme, de plate-bande et de cornière des tronçons de pont, on doit assembler sans jeu.

Dans les combles formés de fers à double T le laminage n'étant pas toujours régulier, on doit ménager encore plus de jeu dans les pièces, surtout s'il y a des coupes biaises aux extrémités.

Nous le répétons, afin de bien insister sur ce que nous venons de dire, que le jeu n'est donné qu'à chaque extrémité de la pièce, et que, s'il y a des trous d'attache pour des équerres ou des trous de vis, etc., tous ces trous seront tracés à partir de l'axe de la pièce à droite et à gauche, et rigoureusement aux mesures données par les dessins d'exécution.

Fig. 104. — Jauge.

Supposons maintenant un traceur ayant un pont à faire ; il commencera par relever sur une feuille de papier toutes ses cotes d'écartement de rivets qui sont sur les dessins de poutre en les additionnant : la première avec la deuxième, le total avec la troisième, ce dernier total avec la quatrième, etc., en faisant une marque à part à chaque total arrivant à l'axe d'un montant, puis il portera tous ces totaux au fur et à mesure sur une jauge assez longue pour tracer les plus longues barres, ensuite il pointera tous les traits avec beaucoup de soin sur un trait tracé sur l'axe de sa jauge, de façon à avoir les trous à tracer sur chaque branche de cornière. Ceux de la partie verticale seront entourés de blanc de céruse appliqué au pinceau, et ceux de la partie horizontale qui sont en quinconce ne le seront pas.

Fig. 105. — Traçage des cornières.

Il fera percer cette jauge (fig. 104) de trous bien exacts et de la grosseur de son petit pointeau cylindrique.

Ceci préparé, il donnera sa jauge aux reproducteurs qui, les fers revenant du dressage, commenceront par placer les cornières par lots, sur des tréteaux à leur portée, afin de pouvoir les prendre une à une pour les placer sur des supports avec entailles (fig. 105), de manière que la cornière se tienne sur une face pour pouvoir la trusquiner et la pointer.

Ce trusquinage consiste à marquer sur la branche de la cornière l'axe de tous les trous, et cela se fait avec le petit outil trusquin (fig. 45) dont nous avons déja parlé, et en le promenant le long du dos de la cornière avec la pointe à tracer dans l'entaille, donnant le trusquinage suivant la dimension de la cornière.

A propos de trusquinage, nous devons appeler l'attention sur la manière dont il doit être fait:

On pose généralement comme règle que le trusquinage est la moitié de la somme de la largeur de la cornière et de son épaisseur.

Ainsi une cornière de $70 \times 70 \times 10$ sera trusquinée à 40 $^m/_m$ parce que $70 + 10 = 80$ dont la moitié est 40.

Il en est de même pour toutes les cornières.

Nous ne donnons pas ces mesures comme absolues, mais nous croyons qu'il est bon, dans l'intérêt du travail, d'adopter une règle qui soit facilement appliquée et comprise, et aussi de savoir à quelle distance sont les trous quand on n'a pas les pièces devant les yeux et qu'il faut en fournir en remplacement de pièces perdues ou cassées.

Les reproducteurs fixeront la jauge sur la cornière, au milieu, le

Fig. 106
Petite presse.

plus possible dans l'axe du trait, avec deux petites presses mises à chaque extrémité (fig. 106), en laissant de chaque bout de quoi affranchir la cornière, au trait qu'ils feront. En général tous les traits indiquant les coupes devront être faits très juste et pointés sur ce trait ; la coupe devra rigoureusement être faite dans l'axe des coups de pointeau et on devra voir après comme vérification la moitié de ces derniers. Puis ils pointeront la rangée à petits coups pour indiquer la place des trous ; ils desserreront la jauge et pointeront définitivement les trous, bien sur le trait de trusquinage et dans l'axe du petit coup de pointeau fait d'abord, et cela en frappant bien d'aplomb sur le pointeau pour que les trous soient bien juste dans les axes ; ils reporteront sur l'autre branche de la cornière, avec une équerre à chapeau, les deux traits d'extrémité et mettront la cornière sur les supports de manière à ce qu'elle présente cette autre face ; ils appliqueront la jauge comme précédemment, bien au trait de chaque bout, les petits trous dans l'axe du trusquinage, et reproduiront au petit pointeau les trous en quinconce entourés de blanc de céruse, qui sont ceux désignés pour les parties verticales, puis ils les pointeront définitivement comme ils l'ont fait sur l'autre face et ajouteront au blanc de céruse le repère s'il y en a un à mettre, pour reconnaître les barres. Ils marqueront en même temps l'emplacement des montants et passeront successivement à toutes les cornières, pour leur faire subir le même travail ; puis ils grouperont ces cornières, au fur et à mesure du pointage, par paquets formant un poids pouvant être enlevé par le pont roulant aérien dont ils disposent pour être transportées au poinçonneur.

La dimension des trous à percer sera indiquée sur chaque paquet ; celle des trous particuliers sur chaque barre.

TRAÇAGE DES AMES ET PLATES-BANDES.

Le traceur choisira la plate-bande courante la mieux dressée ; il déterminera l'axe à chaque bout, puis il additionnera les deux trusquinages des cornières en ajoutant l'épaisseur de l'âme qui doit se trouver entre, et portera la moitié de ce total à droite et à gauche de l'axe qu'il a tracé sur la plate-bande.

Avec son cordeau il battra un trait bien fin d'un bout à l'autre du fer et passant par les points qu'il a déterminés. Ces deux lignes seront les deux axes des files de trous recevant les cornières ; il se servira de la jauge de ces dernières en l'appliquant sur chacun des traits faits, afin de pouvoir marquer avec le petit pointeau la division d'un bout à l'autre, puis il marquera fortement les coups de pointeau bien dans l'axe des traits. S'il y a quatre files de rivets, il tracera également à leur emplacement les deux autres files, suivant les cotes ainsi que les trous d'attache des montants et des goussets de contreventement s'il y en a. Enfin il fera un modèle bien complet sur lequel il mettra le nombre de pièces à reproduire, ainsi que le diamètre des trous pour les plates-bandes inférieures des poutres, et le nombre de pièces sans les trous de gousset de contreventement ; pour les plates-bandes supérieures il fera en même temps les modèles de couvre-joint de ces plates-bandes, de la longueur indiquée sur les dessins et en se servant des divisions des trous de leur extrémité où doit aller le couvre-joint. Il fera poinçonner tous ces modèles avec beaucoup de soin et en fera une vérification minutieuse, afin d'être certain qu'ils sont irréprochables. Il les fera ensuite cisailler de chaque bout et affranchir la coupe à la lime avec beaucoup de soin, afin qu'elle serve à tracer les autres.

Pour les plates-bandes qui ne sont pas courantes, le traceur fera des modèles spéciaux dans les mêmes principes.

Tous ces modèles seront remis aux reproducteurs qui s'en serviront pour pointer toutes les autres plates-bandes, qu'ils amèneront par tas comme les cornières.

Ils placeront leur modèle dessus en réglant les bords bien à fleur, puis le serreront avec des presses (fig. 107, page 77) et avec un gros pointeau à centre dont nous avons déjà parlé (fig. 37), allant bien juste dans les trous ; ils feront le pointage en frappant un seul coup énergique, et en tenant le pointeau bien vertical, cela est très important ; puis ils traceront l'arasement des bouts avec une pointe à tracer bien fine pour ne pas tracer plus long, et affirmeront le trait par trois ou quatre coups de pointeau mis un peu en dedans pour rattraper l'épaisseur de la pointe à tracer. Après cette reproduction les paquets seront, comme pour les cornières, portés au poinçonneur.

Nous le répétons, dans tous ces traçages les diamètres des trous seront marqués sur le paquet, et les trous qui diffèrent de la grosseur courante auront été entourés de blanc de céruse par les reproducteurs, avec l'indication de leur diamètre.

Les âmes se traceront d'une autre façon : Le traceur fera une épure de l'élévation de la poutre, comprenant au moins trois montants, c'est-à-dire deux panneaux ; il tracera en grandeur la place des croisillons avec tous leurs trous, et cela bien exactement au mètre en acier divisé.

Cette épure lui servira à tracer la place d'attache des croisillons sur les âmes inférieure et supérieure, le joint des âmes et les couvre-joints; la jauge des cornières pour la partie verticale lui donnera la file de trous sur le bord de l'âme ainsi que le couvre-joint de cornière, et en ayant soin de tracer de façon que l'âme ne dépasse pas les cornières pour ne pas avoir à affleurer cette dernière, il pourra ainsi, comme pour les plates-bandes, faire un modèle qui servira à reproduire toutes les autres.

Sur cette épure il relèvera également les calibres bien exacts des croisillons ainsi que des montants ; ces calibres seront coupés bien juste aux extrémités à la forme voulue, et percés de petits trous servant à reproduire toutes les pièces.

Etant donné que dans les ponts, il y a des croisillons de différentes largeurs, le calibre sera fait sur le plus large et portera tous les trous. Seulement on adoptera une marque : tous les trous se rapportant aux croisillons les moins larges ne seront pas entourés, ceux de la largeur suivante seront entourés de blanc de céruse, ceux après de rouge, ceux après de noir, etc., afin de bien les reconnaître en reproduisant les séries. Pour les piles et les culées, il fera une épure comme pour les travées courantes afin d'avoir tous les détails et de pouvoir faire les modèles.

Tous ces modèles ainsi établis devront, en général, porter un repère provisoire, autant que possible celui marqué sur le dessin ; ce repère sera reporté, comme nous l'avons déjà dit, par les reproducteurs sur chaque pièce, au fur et à mesure de la reproduction, afin de faciliter le montage.

Le poinçonnage devra se faire avec beaucoup d'attention, parce qu'un travail peut avoir été très bien traité comme modèle et reproduction et ne pas aller à cause des trous mal poinçonnés.

Une fois le poinçonnage des cornières fait, le traceur ou chef d'équipe les fera encore dresser à proximité de la cisaille, et après les fera couper de chaque bout bien au trait, de manière à voir la moitié des coups de pointeau afin de ne pas avoir à retoucher; elles seront ensuite apportées au montage.

Les fers plats d'âmes ou de plates-bandes ayant été dressés d'avance et ne se dérangeant pas au poinçonnage, seront portés après à la cisaille, et arasés absolument juste au trait de coupe, toujours pour éviter la lime ou la meule ; nous sommes persuadés qu'avec beaucoup de soin et sauf exception d'une ou deux pièces, on peut arriver à ne pas retoucher les joints si on a bien pris ses précautions dans le traçage et le cisaillage.

Les fers ainsi préparés seront distribués au montage par paquets suivant chaque repère.

Les monteurs devront s'installer sur des tréteaux bien droits et de niveau, et assembleront d'abord les plates-bandes allant les unes sur les autres suivant le dessin avec les couvre-joints d'un bout, et en s'assurant que les joints ne sont pas trop longs ; pour cela on a un petit calibre qui rentre dans le dernier trou et dans l'extrémité de la plate-bande, et qui sert pour tous les joints ; on peut donc à l'aide de ce calibre, vérifier et monter à coup sûr. Ils monteront les cornières sans les serrer et enfin l'âme entre lesdites, avec son couvre-joint d'un bout.

Ils partiront d'un bout pour mettre des broches dans tous les trous dans une assez grande longueur pour bien ramener les fers (cela est indispensable pour faire un bon montage), soit une quinzaine de broches, ils sortiront les premières pour les remplacer par des boulons de montage (fig. 108), qu'ils serreront très fortement,

Fig. 108
Boulon de montage.

puis tous les quatre trous ils mettront un boulon et enlèveront les broches derrière au fur et à mesure qu'ils boulonneront pour les reporter plus loin. Ce premier tronçon assemblé, ils en monteront un second en le jonctionnant avec et de manière que le joint soit bien fait, en le vérifiant comme nous avons dit plus haut.

Ils en monteront un troisième comme les précédents, puis ils déferont le premier tronçon en indiquant à la jonction à droite et à gauche JOINT N° 1 et la lettre de la poutre haut ou bas.

Ils entoureront de blanc de céruse les trous où il ne faut pas mettre de rivets, c'est-à-dire l'endroit où on devra river sur place pour faire l'assemblage définitif, en laissant un rivet ou deux de plus à mettre sur place pour faciliter la jonction au montage.

Ils déjonctionneront ce tronçon et le porteront à la riveuse ; ils en monteront à la suite des autres et procéderont de la même manière pour tous les tronçons, qui, de la sorte, auront tous été assemblés bout à bout et repérés avant le départ pour le montage sur place.

Il sera fait de même pour tous les tronçons supérieurs, et pour les deux poutres du pont, en continuant de bien mettre tous les repères ; cela est très important à l'expédition et au montage.

Une fois tous ces tronçons rivés, si la poutre ne dépasse pas 3 mètres de hauteur, le gabarit des chemins de fer en général ne tolérant pas plus pour le transport, les monteurs rassembleront les tronçons inférieurs et supérieurs une fois rivés et monteront le treillis à plat sur des tréteaux.

Les tronçons ainsi au complet seront transportés aux riveurs, en entourant toujours de blanc de céruse les trous destinés à recevoir des rivets sur place.

Les pièces de pont ou poutrelles et les longerons seront aussi faits, montés et repérés dans les mêmes principes et rivés, sauf les trous pour les rivets à mettre sur place.

Le chef d'équipe devra faire un montage d'une partie courante du pont ou d'un des bouts s'il est biais ; il prendra pour cela deux tronçons qu'il placera debout et avec lesquels il assemblera les pièces de pont, les longerons et les contreventements.

Ce montage, ainsi que celui qui a été fait pour les tronçons suffit très bien pour se rendre compte si l'ouvrage est exact, à condition que l'on en aura fait rigoureusement la vérification dans tous ses détails, que l'on se sera rendu compte si tous les couvre-joints ont bien les dimensions et le nombre de rivets nécessaires pour remplacer la section du joint ; après cela les différentes pièces seront démontées, enlevées par les ponts roulants et mises sur des wagonets pour aller à la bascule de sortie ou être classées en attente.

Ce que nous avons dit brièvement pour le traçage d'un pont se fera dans les mêmes principes pour les poutres quelles qu'elles soient.

Seulement comme il arrive souvent que l'on a à faire une quantité assez grande de poutres semblables soit pleines soit en treillis, cela permet de les faire mécaniquement et d'économiser la main-d'œuvre. Pour cela on trace et fait une pièce comme type, on la vérifie dans tous ses détails, et elle sert de modèle pour les autres.

La reproduction des trous des plates-bandes et des âmes se fait si vivement comme nous l'avons indiqué, qu'il n'y a pas avantage à

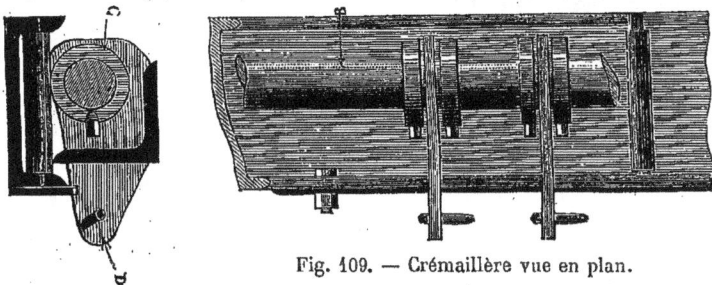

Fig. 109. — Crémaillère vue en plan.

Coupe à l'empla-
cement d'un
rouleau portant
la cornière.

les poinçonner sans les pointer, à moins d'avoir une machine à chariot diviseur, qui coûte très cher et n'existe que dans les grandes usines ; mais il n'en est pas de même des cornières que l'on est obligé de trusquiner et de pointer en deux fois. Pour supprimer ce

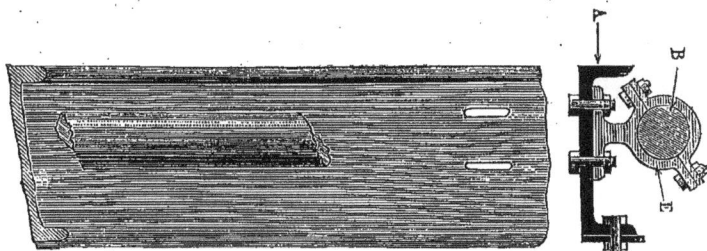

Fig. 110. — Crémaillère vue en plan.

Coupe sur l'axe
d'un support
de l'arbre.

travail, on dresse d'abord les cornières, puis on les fait cisailler de longueur juste avec une jauge à talon d'un bout. Quand on a affranchi toutes les cornières d'un bout on retourne le paquet, on butte le talon de la jauge contre cette coupe pour faire l'autre bien juste à

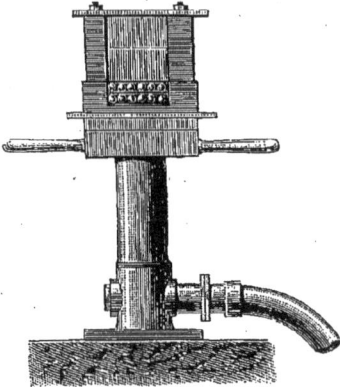

Fig. 111. — Four d'atelier

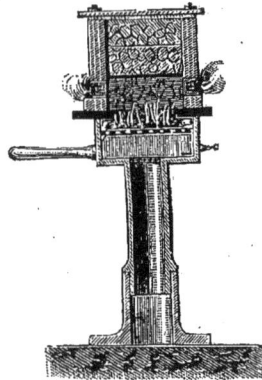

Coupe sur l'axe vertical du four.

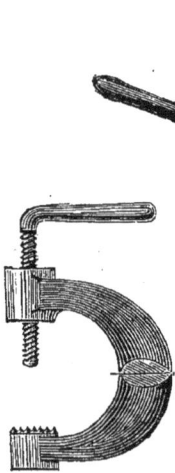

Fig. 107
Grosse presse.
(page 72)

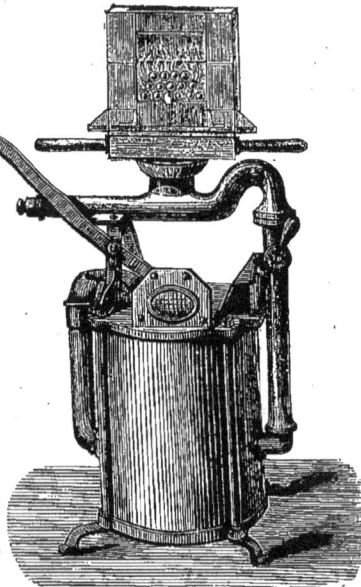

Fig. 112. — Four sur forge volante.

la longueur de la jauge, après on les mène à la poinçonneuse qui,
au moyen d'une crémaillère (fig. 109 et 110) et d'une buttée, poinçonne
tous les trous à la division bien juste et au trusquinage. Ce travail
étant bien organisé est bien plus régulier qu'à la main. Nous don-
nerons plus loin le détail de cette crémaillère.

La rivure devra se faire aussi avec beaucoup de soin, à la machine surtout, qui fait mieux les rivets, donne un serrage énergique
et remplit bien les trous.

Le riveur devra bien s'assurer que les bouterolles qu'il emploie
sont bien faites comme les têtes des rivets ; il ne devra défaire les
boulons de montage que quand tous les trous libres seront garnis
de rivets ; enfin régler la longueur de la tige du rivet de manière à
bien former la tête sans bavures ni manques et surtout sans criques ;
ces dernières se produisent quand les rivets ne sont pas assez
chauds. Il devra s'assurer aussi que les deux têtes sont bien dans
l'axe l'une de l'autre, nous ne connaissons que les machines à river
à action directe pour obtenir cela, car dans toutes celles à bec articulé, la rivure est de travers si ce n'est d'un côté c'est de l'autre,
et cela se comprend, le bec de ces machines étant forcément long et
articulé à son extrémité, un rivet un peu de travers dans le trou le
fait obliquer, puis il y a l'usure dans l'articulation qui est une cause ;
enfin si les deux bouterolles et porte-bouterolles ne sont pas exactement de la même longueur, l'écrasement n'est pas dans l'axe, on
peut facilement se rendre compte de ce fait. L'ouvrier doit veiller à
ce que ses rivets soient toujours ROUGE-BLANC, presque RESSUANT de
la tête à la tige et surtout pas brûlés. Il est indispensable qu'ils
soient toujours chauffés au four ; il y a pour cela les petits fours d'a-
telier (fig. 111), marchant au ventilateur et les fours semblables
montés sur forge volante (fig. 112), avec plateau tournant comme
ceux d'atelier. Nous sommes certains que ces derniers fours devien-
dront indispensables, parce que l'on ne peut obtenir autrement une
bonne chaufferie et mettre des rivets qui remplissent bien les trous.

Pour faire la tête d'un rivet à la machine à river française, il faut
comme longueur de tige dépassant le trou 1 fois 3/4 le diamètre,
puis à partir de trois épaissseurs ajouter 1 millimètre en plus par
chaque épaisseur, et cela pour remplir les trous.

Cependant on doit admettre que le diamètre de ces derniers par rapport à celui du rivet peut faire varier la longueur de tige nécessaire à faire la tête ; si, par exemple, il n'y a qu'un millimètre d'écart entre eux et la tige, il est évident que 1 fois 3/4 c'est trop, 1 fois 1/2 pas assez, c'est donc entre les deux.

La crémaillère (fig. 109 et 110) se compose d'un fer quelconque A, en U par exemple, placé les ailes en l'air et armé dans l'intérieur de colliers E à chapeau fixant un arbre tourné B garni de bagues C avec vis de pression à pointes et de bascules mobiles D, il y en a autant que de trous à poinçonner. Ces bascules sont destinées à être maintenues entre deux des bagues pour servir de buttée à la cornière au fur et à mesure que l'on poinçonne les trous ; on peut donc les régler facilement à l'écartement que l'on veut et les faire basculer sur le devant ; sur l'aile du fer en U se fixe au moyen de boulons une bande de fer plat à laquelle on a fait des entailles pour recevoir les bascules et empêcher la variation des divisions une fois réglées. Cette bande est fixée sur l'aile par des boulons de place en place et ses trous sont à mortaise en long pour pouvoir la varier et faire d'autres entailles pour des divisions différentes, et cela afin qu'elle serve plusieurs fois ; on peut également la retourner et mettre le dessous en dessus, ce qui permet de faire encore de nouvelles divisions suivant les besoins. Le fer en U qui est l'âme de l'outil a sur le côté gauche une plaque qui vient le relier avec le porte-matrice de la poinçonneuse. La matrice est faite d'épaisseur ou avec une cale pour que le dedans de la cornière se buttant contre, la distance au trou fasse juste le trusquinage ; le coulisseau porte-poinçon, qui est armé d'un taquet méplat et un peu cintré au bout en dehors, vient pousser par le dos la cornière pour l'obliger de porter contre la matrice, et c'est à ce moment que le poinçon défonce le trou.

Pour régler la crémaillère on s'y prend de la manière suivante : On monte le poinçon et la matrice qui doivent faire le travail, puis avec une cornière poinçonnée de la pièce faite pour modèle, on règle la crémaillère en s'y prenant comme suit : si on a un trou tout au bord de la cornière il se fait d'abord avec une buttée mobile que le poinçonneur tient à la main pour le premier trou, et pour laquelle on a organisé de quoi la maintenir ; on passe au deuxième trou en descendant le poinçon sur ce trou puis au bout de la cornière ; on abaisse la première bascule ; on serre les deux bagues destinées à la maintenir à droite et à gauche et on marque sa place sur le plat fixé en avant du fer en U de la crémaillère ; puis on relève cette bascule, on avance la cornière au troisième trou, on règle la deuxième bascule à son extrémité en traçant toujours l'entaille à faire dans le fer plat du devant comme on a fait pour le deuxième trou, et on procède ainsi pour tous les autres. Ensuite on repère bien la place du fer plat ; puis on le démonte pour, avec un poinçon méplat, faire à la poinçonneuse toutes les entailles indiquées ; on le remonte, et la crémaillère est prête à fonctionner.

Le poinçonnage se fait ainsi : Toutes les bascules sont rabattues, on amène la barre, on fait le premier trou avec la bascule mobile, puis on pousse à butter sur la première bascule et on fait le deuxième trou. On a un aide qui relève les bascules au fur et à mesure que l'on butte dessus, et on continue de poinçonner. Le fer principal de la crémaillère est armé aussi en dedans de petits rouleaux pour porter la cornière et l'aider à glisser.

Cette crémaillère se fait à joints très justes tous les 4 mètres environ pour servir à faire de longues barres. Il y a aussi le poinçonnage sur calibre qui se fait avec poinçon sans teton et qui consiste à avoir une pièce modèle plus mince, poinçonnée et portant des taquets de buttée dans les endroits où il faut être juste. Le poinçonneur met cette pièce sur celle à poinçonner pour servir de guide. Il est bon de ne pas manquer de toujours pousser le trou du guide dans le poinçon quand il est en l'air et c'est celui-ci en descendant qui abaisse la pièce sur la matrice. Quand les pièces sont trop lourdes à maintenir sous le poinçon, on a à droite et à gauche de la matrice un ressort qui soulève la pièce sous le poinçon ; celui-ci en descendant fait fléchir ces ressorts et appuie la pièce sur la matrice, le poinçonneur fatigue moins.

En résumé, nous ne nous sommes pas trop avancés en disant que l'on pouvait faire des poutres mécaniquement et notamment pour celles en treillis, sans chapeau. En effet, d'abord les cornières de ces dernières sont arrasées sans tracé, puis poinçonnées sans pointage préalable, les croisillons et les montants sont découpés et poinçonnés d'un seul coup à même la barre, au balancier. Les onglets, s'il y en a, sont faits au guide dont nous avons parlé ; il ne reste donc plus que le montage qui généralement se fait par des hommes habitués et le rivetage qui se fait à la machine. Tout étant bien mené et ordonné dans ces conditions, on peut faire du travail très bien et bon marché. Ayant été à même de le faire nous-même, nous sommes autorisés à en parler avec certitude.

Charpentes diverses ou Combles.

Il y a plusieurs sortes de combles plus ou moins compliqués suivant les cas et les emplacements.

Il serait trop long de les énumérer tous, et nous allons surtout citer les principaux et la manière de les tracer avec toutes les coupes.

Le premier cas le plus simple, est celui d'un comble avec dessus en ligne droite, croupe à 45° et pannes verticales ;

Le deuxième cas est celui d'un comble comme le précédent, mais dont les pannes sont normales à la ligne du dessus du comble, c'est-à-dire d'équerre à la ferme ; puis, avec des empanons qui ne sont autres que des fermes rognées par le haut pour venir sur l'arêtier, et enfin une pénétration droite quelconque dans le comble ;

Le troisième cas est celui d'un comble avec dessus cintré, croupe, pannes verticales et pénétration cintrée ;

Le quatrième cas est celui d'un comble à dessus cintré, croupe en forme de demi-sphère, pannes normales au comble et pénétration droite ;

Enfin le cinquième cas est celui d'un comble cintré avec retour d'équerre qui produit un arêtier et une noue au bout l'un de l'autre.

Lorsqu'on aura bien compris la manière de tracer et de faire tous les cas désignés ci-dessus, on pourra hardiment exécuter n'importe quelle forme de comble.

Dans nos tracés nous supposons que l'on emploie des fers à T

6

pour toute la charpente ; mais si on avait des combles avec fermes, arêtiers et pannes en treillis ou en plat composé avec cornières, les épures seraient basées sur les mêmes principes, et ce serait la même manière de procéder.

Les épures faites au 1/10 sont suffisantes pour exécuter les travaux qui ne sont pas cintrés. On peut également faire les épures des parties cintrées au 1/10 quand on n'a pas de place, mais dans ce cas il faut relever ensuite les ordonnées et les abscisses afin de pouvoir reproduire sa courbe grandeur d'exécution.

Donnons maintenant la manière de tracer et de faire le premier cas, c'est-à-dire un comble avec dessus droit, croupe à 45°, pannes verticales.

L'ouvrier devra, pour faire son tracé, prendre une feuille de zinc ou une tôle un peu forte bien dressée et passée au blanc pour permettre de bien voir les traits ; il devra se servir d'une pointe à tracer bien fine afin d'obtenir une épure au dixième de millimètre ; cela est d'autant plus important, que, faisant l'épure à l'échelle de 1/10, chaque différence est dix fois plus grande.

La première opération consistera dans le tracé d'élévation de la ferme, en établissant d'abord les lignes d'épure (pl. 3, fig. 1), puis, d'après les mesures du dessin, les fers qui la composent, sur lesquels, toujours d'après les données, on tracera l'emplacement des pannes ; on aura ainsi l'élévation complète de la ferme avec l'arrivée des pannes dessus (pl. 3, fig. 2). On établira le plan d'une partie du comble, la croupe par exemple, en projetant les principaux points de la ferme sur une ligne A B (pl 3, fig. 3), servant de point de départ, et qui représentera la ferme vue du dessus, puis on établira le carré, puisque la croupe est à 45°, on mènera les deux lignes C D et C E qui représenteront les axes des arêtiers vus du dessus.

On projettera l'axe des pannes de la ferme en plan jusqu'à la rencontre des arêtiers, en les retournant d'équerre pour la croupe, on aura ainsi l'axe des pannes vu du dessus.

Il reste à déterminer les longueurs des pièces, leurs équerres d'assemblage, et les trous d'attache, c'est ce que nous allons faire.

On appelle ARBALÉTRIER la pièce composant un des rampants de la ferme. Pour le tracer, on commencera par prendre un des fers destinés à faire ces arbalétriers, on le dressera avec soin dans sa longueur, puis on relèvera sur l'épure avec une sauterelle, dont nous avons déjà parlé en traitant du petit outillage, la coupe bien exacte du bout, et on la portera sur le fer (pl. 3, fig. 4) avec une pointe à tracer ; puis on donnera de place en place sur cette coupe des coups de pointeau, pour bien établir l'endroit où elle sera faite ; on en fera autant pour l'autre extrémité du fer après avoir porté sur la barre la longueur demandée par le dessin ; ces deux coupes étant tracées, on déterminera l'emplacement de tous les trous du haut ainsi que ceux du bas, en les pointant fortement et bien dans leur axe ; puis on tracera l'axe des pannes et on pointera à droite et à gauche les trous pour fixer les équerres d'attache, en les écartant plutôt un peu plus pour ne pas être gêné au montage par l'épaisseur de la panne, qui peut être plus forte, les fers étant bruts. On se rendra bien compte aussi si l'emplacement des trous permet le passage facile des boulons avec leurs têtes, car souvent on est très gêné au montage quand on n'a pas pris cette précaution.

On fera les coupes suivant les outils dont on disposera, à la scie, à chaud ou à froid, ou encore à la tranche bien fine ; puis on poinçonnera tous les trous indiqués. On aura ainsi un arbalétrier modèle complètement terminé (pl. 3, fig. 4).

On établira sur cette pièce type un gabarit bien exact pour reproduire toutes les autres.

Ce gabarit sera fait avec des tôles minces emboîtant le profil du fer à tous les emplacements où il y aura des coupes et des trous à tracer ; ces tôles seront reliées par une bandelette de fer rivée après, de manière à former la longueur totale de l'arbalétrier, les tôles extrêmes représentant les coupes à faire. Ce gabarit (pl. 3, fig. 5), placé sur chaque barre, servira à tracer les coupes et les trous. Si on a affaire à des fers larges, on met deux bandelettes à distance pour bien maintenir les tôles qui emboîtent le profil du fer.

Pour les pannes, on prendra également les fers destinés pour chaque longueur, on les dressera, puis on choisira le bout le plus régulier pour l'araser bien d'équerre ; c'est à partir de ce bout, et sur l'axe de la panne que l'on portera la longueur relevée sur l'épure. On aura cette longueur exacte après avoir tracé les épaisseurs contre lesquelles viennent ces pannes ; on diminuera de 5 $^m/_m$ la longueur trouvée pour le jeu nécessaire, afin que l'assemblage se fasse plus facilement.

Les trous tracés à chaque bout de la panne pour fixer les équerres ne comprendront pas ce jeu, attendu que, comme nous l'avons déjà dit, pour tracer les trous, on doit le faire à la cote exacte, et comme si les pièces n'avaient pas du tout de jeu, étant bien compris que le jeu est considéré comme fait après coup, en enlevant de la matière à chaque extrémité de la pièce quand elle est complètement finie.

On relèvera sur le plan, avec une sauterelle, la coupe de la panne sur l'arêtier, puis on tracera l'extrémité où doit être cette coupe en passant par le point donné par la longueur portée sur l'axe de la panne, en ayant soin, comme nous l'avons dit, de déduire de cette longueur la demi-épaisseur de l'arêtier, la demi-épaisseur de la ferme et enfin le jeu que l'on veut donner de chaque bout.

On fera cette coupe dans la hauteur du fer, à la scie ou à la tranche, on poinçonnera les trous et on aura une panne type (pl. 3, fig. 6), sur laquelle on pourra, comme pour les arbalétriers, relever un gabarit pour tracer les autres.

Pour l'arêtier, il se trace en prenant sa vue en plan par terre pour base ; puis avec la même hauteur que la ferme, soit 2^m,00 par exemple, portés sur une perpendiculaire à la base, on joint le point trouvé à l'autre extrémité de la base, et on a la ligne d'épure du dessus de l'arêtier ou le rabattement de celui-ci sur le plan (pl. 3, fig. 7) ; on le surbaissera, d'après sa largeur, en suivant le tracé que nous indiquons (pl. 3, fig. 8), pour qu'il ne monte pas plus haut sur la toiture que la ligne d'intersection des versants du comble.

Or cette intersection est représentée par les lignes B E et D E et si on porte la largeur du fer de l'arêtier en L d'équerre à sa base et afin que les points extrêmes rencontrent les deux lignes d'intersection B E et D E, le trait qui indique cette largeur rencontre la ligne d'axe de l'arêtier en plan en un point par lequel on mène une ligne parallèle à celle tracée pour le rabattement de l'arêtier ; on a ainsi le surbaissement à lui donner d'après sa largeur et le dessus réel du fer. Ce tracé servira toujours lorsqu'il s'agira de déterminer la rencontre des versants d'un comble sur un arêtier ou sur une noue suivant leur largeur ou épaisseur.

Ayant obtenu, comme nous venons de l'indiquer, la ligne du dessus de l'arêtier, on portera sa hauteur, son profil de fer, puis on relèvera d'équerre l'axe des pannes sur son âme (pl. 3, fig. 7), en ayant soin de tenir compte de son épaisseur en la portant dans la vue en plan, car on remarquera que cette épaisseur, suivant qu'elle est plus ou moins grande, fait varier l'axe de l'arrivée de la panne sur l'arêtier, puisque l'on fait le tracé sur l'une des faces de cette épaisseur, on portera, à partir de la ligne horizontale, la hauteur H du dessus des pannes prise sur l'élévation de la ferme (pl. 3, fig. 2), cela pour que le plan formé par les dessus des pannes soit bien de niveau partout.

On tracera les trous des boulons fixant les équerres, en ayant soin de rapprocher de l'axe de la panne ceux des équerres ouvertes qui vont vers le bas, et en reculant ceux des équerres fermées qui vont vers le haut, pour pouvoir passer les boulons facilement suivant leur longueur.

On se rendra surtout compte de cela dans le tracé en plan (pl. 3, fig. 0).

On devra faire un calibre pour les équerres ouvertes et un pour les équerres fermées. Pour cela on prendra deux morceaux de zinc représentant chaque branche de l'équerre, l'un ajusté sur l'extrémité de la panne modèle de manière à avoir bien sa coupe; l'autre sur l'arêtier en observant bien que cette branche aura une coupe suivant l'axe de la panne tracé sur l'arêtier. Réunissant ces deux branches, en faisant joindre chacune des coupes dont nous venons de parler, on aura l'équerre développée à plat (pl. 3 fig. 10); avec cela on fera un calibre d'un seul morceau qui servira à découper le fer des équerres.

Elles seront ensuite coudées à angle aigu ou obtus, suivant le plan (pl. 3, fig. 9). Chacune de leurs branches étant faite sur l'extrémité de la panne et de l'arêtier, si on a bien coudé sur le trait et bien à l'angle donné par le plan elles iront forcément bien.

On placera une équerre ouverte et une fermée sur la panne modèle pour tracer les trous, les percer et les monter avec boulons.

A partir de l'axe de la panne sur l'arêtier (pl. 3, fig. 7) et en contre-haut ou en contre-bas suivant que l'on tracera l'équerre ouverte ou fermée, on relèvera les trous tracés sur l'arêtier pour les reporter sur ces équerres à partir de l'axe de la panne ; on aura ainsi des modèles d'équerre avec lesquels on reproduira toutes les autres.

Dans le haut, les arêtiers viendront s'assembler sur la ferme de croupe au moyen d'équerres faites d'une façon spéciale. Nous engageons à suivre le plus souvent possible ce genre d'assemblage en raison de sa facilité et de l'économie qu'il procure.

Ce sont deux équerres à trois branches : celle du milieu a le dessus horizontal et reçoit l'arêtier qui vient s'y assembler au moyen de deux équerres en cornière ; les deux autres sont en pente et se fixent sur la ferme et la demi-ferme de croupe (pl. 3, fig. 11), elles ont donc le rampant de ces dernières. Pour faire ces équerres on suivra la méthode indiquée pour celles des pannes ; c'est-à-dire qu'ayant tracé les équerres en plan sur l'épure (pl. 3, fig. 11), on relèvera la longueur de la partie rectangulaire qui reçoit l'arêtier ainsi que la hauteur que donne la coupe du haut de la ferme. On fera un calibre en zinc, puis on relèvera un autre calibre de la branche venant sur la ferme avec la coupe rampante du haut ; en rapprochant ces calibres comme pour les pannes, on aura l'équerre développée ; on fera avec cette équerre un calibre complet d'une seule pièce pour tracer et découper les autres, et on coudra suivant l'angle relevé sur l'épure en plan (pl. 3, fig. 11) ; on devra toujours laisser un peu plus de longueur aux branches devant être coudées, en raison de la perte produite par le ployage.

On remarquera que ce genre d'assemblage évite de faire des coupes en sifflet au bout des arêtiers et ne nécessite qu'une coupe rampante comme les fermes. On aura cette coupe sur le rabattement de l'arêtier (pl 3, fig. 8), la coupe du bas de l'arêtier, suivant ce sur quoi il vient s'assembler, sera faite d'après les données du dessin ; il ne restera donc plus qu'à relever un calibre sur l'arêtier avec tous les trous et les coupes pour reproduire les autres, comme on a fait pour les fermes et les pannes.

Dans le deuxième cas, nous avons les pannes normales au comble, c'est-à-dire d'équerre avec le dessus de la ferme, des empannons et une pénétration droite dans le comble.

L'épure des fermes et des arêtiers ayant été faite comme nous l'avons décrit pour le premier cas, on tracera les pannes à l'emplacement et à la cote désignés par le dessin sur l'arbalétrier (pl. 4, fig. 1), puis on projettera sur le plan le point haut et le point bas de l'axe vertical de la panne B (pl. 4, fig. 1 et 2). On aura ainsi sur le plan, les points de rencontre de l'axe de la panne avec l'axe de l'arêtier.

Pour avoir la coupe en bout de la panne, on la rabattra sur le plan horizontal, en supposant que le fer double T qui la compose est placé debout, et qu'on le couche en le faisant tourner autour de son axe inférieur faisant charnière.

Pour cela, on portera à partir de cet axe inférieur la hauteur réelle du fer (pl. 4, fig. 5 et fig. 2, panne B), et on abattra le point haut de l'axe d'équerre à la ligne du bas servant de charnière. On aura, à la rencontre des deux lignes, le point haut de la coupe tel qu'il existe ; ayant le point inférieur, il suffit de les joindre par une nouvelle ligne qui est la coupe réelle de la panne dans sa hauteur.

Pour avoir la coupe dans le sens de la largeur, il faut projeter la largeur de la panne A, par exemple, jusqu'à la rencontre de l'arêtier en plan, et procéder exactement comme on a fait pour la coupe en hauteur (pl. 4, fig. 1 et 2, panne A) ; toutes ces coupes seront surtout tracées avec beaucoup de soin et de précision, on prolongera les traits pour relever les angles plus facilement.

On prendra ces coupes avec une sauterelle, et, après avoir mis les épaisseurs des âmes de la ferme et de l'arêtier, on mesurera, en plan, la longueur restant pour la panne, en enlevant, sur la longueur trouvée, 6 à 7 $^m/_m$ pour le jeu.

On tracera une des pannes, on la poinçonnera et on la coupera comme nous l'avons déjà dit, puis on relèvera un gabarit qui servira à reproduire toutes celles semblables.

Pour déterminer en élévation l'emplacement de la panne sur

l'arêtier, de façon à pouvoir tracer les trous des équerres d'attache,
on projette l'axe inférieur et l'axe supérieur de la panne sur le
rabattement de l'arêtier (pl. 4, fig. 1 et 2, panne B), après avoir
porté sur le plan sa demi-épaisseur afin que les traits projetés sur
cette demi-épaisseur relevés en élévation sur l'arêtier donnent bien
la place d'arrivée de la panne sur cette face d'arêtier ; car il est facile
de comprendre que cette épaisseur, suivant qu'elle est plus ou
moins grande, change la place de projection. Dans notre tracé nous
l'avons supposée sur l'axe de l'arêtier.

Enfin on mène deux parallèles à la ligne de base de l'arêtier, à
des distances égales aux hauteurs du dessus et du dessous de la
panne mesurées sur l'élévation de la ferme en A et en B.

Elles rencontrent les lignes de projection de l'axe vertical de la
panne en deux points (pl. 4, fig. 2), qui seront le haut et le bas de
l'arrivée de la panne sur l'arêtier.

En joignant ces points, on a l'axe de l'about de la panne sur
l'axe de l'arêtier.

La longueur de la ligne ainsi tracée doit être la même que celle
que l'on a trouvée en faisant, en plan, le rabattement de la coupe
dans la hauteur de la panne ; nous le répétons encore et pour cause.
Il est bien entendu que ceci est l'axe ; si on veut la place réelle, il
faut compter avec l'épaisseur de l'arêtier et porter cette épaisseur
en plan afin de projeter les points venant sur cette épaisseur et
non ceux venant sur l'axe, car plus l'épaisseur est grande et
plus les points se déplacent.

Les équerres assemblant les pannes sur l'arêtier se feront, comme
nous l'avons déjà dit, en établissant un calibre de chaque branche
de l'équerre.

Ces calibres réunis côte à côte sur la ligne de ployage donneront
la forme développée de l'équerre pour pouvoir découper le fer.

Pour avoir la branche allant sur la panne, on la fera avec un
bout de tôle mince ou de zinc, en suivant la coupe du bout de ladite (pl. 4, fig. 2) et en mettant la longueur de branche suffisante
pour recevoir les boulons.

L'autre branche de cette équerre se trouvera sur l'arêtier, à partir de l'axe de la panne dont on a tracé la ligne, et en contre-haut

ou en contre-bas de cet axe, suivant que l'on trace l'équerre fermée ou ouverte, et en ayant soin de bien suivre la coupe et le rampant de l'arêtier (pl. 4, fig. 2). Nous ferons remarquer, en passant, que dans ce genre de panne inclinée sur la ferme et l'arêtier, les équerres ouvertes suffisent dans beaucoup de cas à maintenir la panne d'une façon satisfaisante, puisqu'elles servent ainsi de tasseaux sur lesquels la panne s'appuie. Dans ce cas on met deux boulons à la branche d'attache sur l'arêtier et on a économisé les équerres fermées, qui sont coûteuses et s'attachent difficilement sans être d'une grande utilité.

Ces calibres étant réunis, comme l'indique la figure 6 de la planche 4, on s'en sert pour découper les équerres.

Puis, pour les couder, on relève en plan les angles P et Q du chapeau ou de la largeur de la panne rabattue en vraie grandeur contre l'arêtier (pl. 4, fig. 2), et on coude suivant chacun de ces angles, après avoir eu soin de bien pointer la ligne de ployage, qui est celle formée par la rencontre des deux branches lorsqu'on les a rapprochées.

Ce ployage des équerres devra être fait avec un soin tout particulier sur la ligne pointée, car la moindre déviation serait cause que les branches ne s'accorderaient plus avec le rampant des fers.

Lorsqu'on a à faire un grand nombre d'équerres, le mieux est d'avoir un bout de panne exact au rampant et aux coupes, de le percer comme il doit l'être, puis de faire deux modèles d'équerres suivant les indications que nous venons de donner, et de présenter et de monter le bout de panne sur l'arêtier pour s'assurer qu'il va bien et que l'on a bien suivi les indications données pour le tracé; ceci bien établi, on relèvera des calibres en tôle mince sur ces équerres, avec la place des trous, et on s'en servira pour tracer toutes les autres.

Il nous reste, maintenant, à expliquer ce que sont les empannons et la manière de les tracer.

Les empannons ont le même rampant que les fermes (pl. 4, fig. 3 et 4); ils viennent s'assembler par le haut avec l'arêtier. La coupe sera donc celle de la ferme, sauf qu'elle sera en sifflet à 45 degrés dans la largeur, la croupe étant régulière; si elle ne l'était pas, il n'y aurait qu'à relever l'angle en plan pour l'avoir.

On trouvera sur l'épure en plan, les angles de ployage des équerres d'assemblage.

Pour faire ces équerres, on procèdera comme nous l'avons indiqué pour les pannes : une branche suivant le rampant de l'empannon à son extrémité haute ; l'autre suivant le rampant haut et bas de l'arêtier suivant l'équerre que l'on fait.

Pour les modèles et la reproduction, on procèdera comme pour les autres pièces.

La pénétration droite est très simple à tracer ; il suffit de la figurer en élévation et en côté, suivant les mesures et indications données par le dessin, puis on en fait la projection en plan (pl. 4, fig. 7) et on fait le rabattement exactement comme pour l'arêtier, en surélevant ou en surbaissant suivant ce qui est demandé, et en portant la hauteur H semblable à celle indiquée dans l'élévation de la pénétration.

Les équerres d'attache se feront toujours par les mêmes procédés, c'est-à-dire ajustées et tracées sur chaque bout à assembler, et réunies suivant la ligne de ployage pour découper le fer ; ensuite coudées suivant l'angle relevé sur l'épure.

Le troisième cas est celui d'un comble avec dessus cintré, croupe, pannes verticales en pénétration cintrée (pl. 5, fig. 1 et 2).

Ce genre d'épure, étant donné que tout est cintré, doit se faire d'une régularité parfaite, si l'on opère au dixième.

On relèvera après, en vraie grandeur, la courbe des pièces, au moyen d'ordonnées et d'abscisses dont on prendra la mesure bien exactement sur l'épure. Nous sommes d'avis qu'à tous les points de vue il vaut mieux faire les épures des combles cintrés grandeur d'exécution ; ce ne doit être qu'exceptionnellement qu'on les fera au dixième.

On commencera par tracer la ferme en élévation avec son cintre suivant les données du dessin (pl. 5, fig. 1), puis on déterminera la place des pannes pour pouvoir les projeter en plan.

On établira également (pl. 5, fig. 1) la vue en plan d'une partie du comble, afin de déterminer l'arêtier.

Puis on projettera les pannes sur cet arêtier en abaissant des perpendiculaires jusqu'à sa rencontre ; pour avoir leur longueur exacte, on procèdera, comme nous l'avons déjà dit, en portant en plan l'épaisseur de l'arêtier et celle de la ferme, puis on diminuera le jeu. Pour déterminer la courbe de l'arêtier, on prendra, sur l'élévation de la ferme, des points de division dont feront partie autant que possible les emplacements des pannes.

Ces divisions seront 1, 2, 3, ... 9 ; on les projettera, en plan, jusqu'à la rencontre de l'arêtier, comme on a fait déjà pour les pannes, puis on relèvera tous les points d'équerre à la base de l'arêtier en plan, et on portera dessus, à partir de cette base, les hauteurs des points correspondants de la ferme.

On fera passer une courbe par tous ces points, et on obtiendra le dessus de l'arêtier comme ligne.

On portera le surbaissement s'il y a lieu, puis la hauteur du fer, son profil, etc., comme nous l'avons déjà dit.

Les emplacements des pannes seront obtenus sur l'arêtier en portant les hauteurs prises sur la ferme aux lignes correspondantes ; enfin on complètera tous les détails comme pour les autres cas déjà cités.

La pénétration cintrée sera obtenue en traçant son élévation suivant les données du dessin, à côté de la ferme (pl. 5, fig. 2) ; puis sa courbe sera divisée en un certain nombre de parties égales ou non.

Par tous ces points 1, 2, ... 7, on abaissera des perpendiculaires sur la ligne de base en 1', 2', ... 7', et on mènera des horizontales qui rencontreront la courbe de la ferme en 1", 2", ... 7".

On projettera ces derniers points en plan, entre les deux fermes où se trouve la pénétration.

Sur la ligne A B, représentant en plan le dessus de la face de la pénétration, on porte des divisions égales à celles 1', 2', ... 7' de l'élévation, puisqu'elles représentent celle-ci en plan.

On projette tous ces points d'équerre à la face du comble et on fait passer une courbe par les points de rencontre des lignes correspondantes.

Cette courbe sera la ligne en plan de la rencontre du comble et de la pénétration.

Pour avoir la courbe en élévation, on joindra en plan, le point 0 au point 7, en prolongeant la ligne un peu au delà de 7 (pl. 5, fig. 2, côté droit du plan de la pénétration), puis, à partir du point 0, on portera sur cette ligne les longueurs développées, c'est-à-dire mesurées sur la courbe, de 0 à 1, 1 à 2, ... 6 à 7 ; en chacun de ces points on élèvera des perpendiculaires sur lesquelles on portera les hauteurs correspondantes relevées sur l'élévation de la face de la pénétration de 7' à 7, de 6' à 6, de 5' à 5, etc., puis on fera passer une courbe par tous ces points et on aura la courbe de pénétration redressée en vraie grandeur.

Si on veut qu'elle soit en contre-haut ou en contre-bas, on tracera, à distance voulue, une parallèle à la courbe en dessus ou en dessous comme nous avons déjà dit pour les arêtiers ; si cette pénétration est composée d'un fer profilé ou de tout autre fer, on devra d'abord commencer par cintrer le fer suivant la courbe en élévation, et ensuite donner sur le plat le cintre que l'on a trouvé en plan ; les assemblages du haut et du bas de cette pénétration se feront par les procédés que nous avons déjà indiqués pour les autres combles.

Troisième cas : Comble à dessus cintré, croupe en forme de demi-sphère, pannes normales à l'arbalétrier.

Dans ce cas, toutes les fermes sont semblables, il suffit d'en tracer une avec l'arrivée des pannes.

Celles-ci seront inclinées et leur axe devra passer par le rayon de la courbe de la ferme.

Pour tracer et faire ces pannes, on remarquera d'abord qu'elles forment avec l'axe vertical F G de la coupole (pl. 5, fig. 3), un cône en H I J dont elles sont la base.

On devra donc, pour avoir leur forme, d'abord les cintrer sur champ suivant la courbe que donne le développement du cône qu'elles forment, cette courbe s'obtient en traçant avec le rayon H J une circonférence qui sera le cintre à donner ; puis ayant projeté l'axe du haut J de la panne sur le plan et l'axe du bas, on tracera par ces points deux cercles qui représenteront les deux axes de la panne inclinée et qui serviront à les cintrer sur plat.

On relèvera, sur le plan, le développement de l'arc de chacun de ces axes, déduction faite des épaisseurs de fermes, et on le portera par moitié de chaque côté de l'axe m n du tracé à part du développement du cône (pl. 5, fig. 4).

On aura ainsi la longueur exacte de la panne sur chacun de ses axes en AB, CD, et la coupe sur la hauteur du fer.

Pour avoir celle sur le chapeau, on fera un petit tracé de rabattement, comme nous l'avons déjà indiqué pour les pannes des combles droits (pl. 4, fig. 2).

Il en est de même pour faire les équerres ouvertes ou fermées; c'est toujours le même principe, sauf que la branche qui est sur la ferme doit se faire cintrée sur champ si l'on veut bien suivre la forme de l'arbalétrier, et la branche sur la panne est forcément cintrée sur plat pour coller sur l'âme de cette dernière.

On voit que jusqu'à présent, on a la panne cintrée sur champ et coupée de longueur, avec les bouts aux angles voulus.

Pour la terminer, il reste à la cintrer sur le plat suivant la courbe donnée par l'épure en plan : l'aile du haut suivant A B, et l'aile du bas suivant C D de l'épure (pl. 5, fig. 3).

On remarquera qu'une fois cintrée ainsi, la panne posée sur un plan horizontal portera parfaitement dessus dans toute sa partie du dessous.

Dans tous ces combles, qu'ils soient cintrés ou droits, si le centre de la croupe se trouvait en dehors de l'axe de la ferme qui la reçoit, il faudrait faire une épure spéciale pour chaque ferme; de même si cette croupe était à pans coupés.

Pour le cinquième cas nous n'avons pas fait d'épure, les tracés étant les mêmes. En effet, si on suppose deux combles droits ou cintrés en retour d'équerre ou même à un certain angle au dehors, l'intersection qu'ils forment est un arêtier, et nous avons montré comment on le trace droit ou cintré ; au dedans l'intersection formée par les combles est une noue ; elle se trace exactement comme une pénétration droite ou cintrée dont nous avons déjà parlé. Il n'y avait donc pas lieu de faire de tracé spécial pour ce cas, qui se trouve être le résumé des autres.

CHAPITRE V.

Cintrage des fers à simple ou à double T et des cornières. — Renvoi des fers à simple T et des cornières pour passer par-dessus un autre fer.

CINTRAGE A FROID.

Le cintrage des fers, surtout avec de grands rayons, se fait généralement à la machine à cintrer (pl. 1, fig. 1), dont nous avons parlé au commencement de cet ouvrage.

Pour les fers à T simple, on fait passer la côte dans une des rainures du cylindre de la machine, soit celle du cylindre supérieur si le cintre est en dedans de la côte, soit celles des cylindres inférieurs si c'est l'inverse.

Les doubles T se passent aussi, autant que possible, dans une rainure de la largeur de leur aile afin de les maintenir pour éviter le gauche. Mais ils ne sont pratiques à cintrer sur champ que dans de grands rayons, et seulement ceux ne dépassant pas 140 $^m/_m$ de hauteur ; sur plat ils se cintrent facilement quel que soit le rayon et la hauteur du fer.

En général, les doubles T doivent se cintrer sur champ sur une forme, en les chauffant sur la plus grande longueur possible dans un four ; nous en reparlerons plus loin.

Les cornières se cintrent à la machine, en les accouplant deux à deux et en les faisant passer dans une rainure juste pour l'épaisseur de leurs deux branches accouplées (pl. 6, fig. 1) ; puis on les serre aux deux extrémités avec des presses pour bien les maintenir.

Si on a une cornière seule à cintrer, on devra remarquer que, la cornière passant isolément dans le cylindre, le bord de la branche à plat se lamine en A (pl. 6, fig. 2), et, de ce fait, la cornière prend deux cintres, l'un fait par la machine et l'autre par le laminage; on n'en est plus maître après.

Pour éviter cela, on devra d'abord cintrer en dedans la branche qui, par la pression des cylindres, se lamine et se cintre malgré vous en dehors ; pour cela on la passera la partie A en haut (pl. 6, fig. 3), et on cintrera suivant un rayon environ deux fois plus grand que celui que l'on veut donner dans l'autre sens ; puis on placera sa cornière suivant la fig. 2 de la pl. 6, et on lui donnera le cintre demandé.

On est certain qu'en s'y prenant comme nous venons de le dire, les cornières sortiront du cylindre cintrées seulement sur une branche.

Le cintrage à chaud des fers plats, cornières, fers à T ou à U se fait sur des formes à plat.

Nous allons indiquer la manière de les établir suivant les différents cintres à faire, et comment on doit procéder pour les cintrer suivant les profils et les différents cas qui se présentent.

Si l'on a un plein cintre régulier dans des cornières, une forme suffit : la barre pouvant se retourner bout pour bout pour faire les deux mains ; il n'en est pas de même pour un cintre irrégulier ; il faut une forme pour chaque main.

Pour faire un cercle complet soudé en cornière, il y a deux cas particuliers : dans le premier, celui où la branche de la cornière est en dedans, le fer s'allonge au travail de 13 à 15 $^m/_m$ environ par mètre ; dans le deuxième, celui où la branche de la cornière est en dehors, l'inverse se produit, c'est-à-dire qu'au travail, le fer se raccourcit de 13 à 15 $^m/_m$.

Or, comme pour forger un cercle, on prend la circonférence développée au dehors, suivant l'un des deux cas, on augmentera ou on diminuera la longueur totale de 13 à 15 $^m/_m$ par mètre, sans omettre d'ajouter dans les deux cas. ce qu'il faut en plus pour faire la soudure.

Lorsqu'on a des cintres en cornière à faire à chaud sur faux rouleau ou forme, on devra, suivant que la branche à plat de la cornière devra être en dedans ou en dehors, faire la forme plus ou moins cintrée qu'il ne sera demandé.

Ainsi, par exemple, pour une cornière cintrée dont la branche à plat est en dedans (pl. 6, fig. 4), on devra faire la forme plus cintrée que ne devra l'être définitivement la cornière, parce que, une fois celle-ci cintrée à chaud sur la forme, on la règle à froid pour la dégauchir et la mettre exactement au calibre; or, en faisant ce travail, il est très facile de la décintrer en frappant sur le plat de la branche du dedans, qui se lamine et ouvre le cintre.

Si la branche de la cornière est en dehors (pl. 6, fig. 5), on devra faire l'inverse, parce que, en frappant à froid sur cette branche, on l'allonge, et le cintre se ferme.

Le cintrage, dans les deux cas, se fait avec une forme ou cintre en fer carré ou méplat, montée avec des boulons fraisés sur une plaque en tôle qui sert de table (pl. 6, fig. 6).

A une extrémité se trouvent deux équerres avec une mortaise recevant une clavette pour serrer le bout de la cornière au départ du cintre (pl. 6, fig. 7).

Une grande griffe sert à forcer la cornière contre la forme (pl. 6, fig. 8). Pendant ce temps, le frappeur avec son marteau à devant aplatit les plis de la cornière sur la forme pour faire rentrer le fer en lui-même; un coup de large chasse-carrée à parer pour finir, et la cornière se trouve cintrée.

Dans l'autre cas la cornière se fait contre la forme par les mêmes moyens avec la disposition indiquée pl. 6, fig. 9.

Le cintrage des fers en I et en U se fait, quelle que soit leur hauteur, à chaud sur une forme, comme pour les cornières (pl. 6, fig. 10).

On se sert de la grande griffe (pl. 6, fig. 8), pour appliquer le fer contre la forme; il faut avoir soin au fur et à mesure qu'on le cintre, d'aplatir le fer sur la table avec une large chasse.

On doit faire la forme juste au cintre que l'on veut obtenir, car il n'y a pas ou très peu de variation une fois les fers cintrés.

On devra procéder d'après ces mêmes principes pour tous les cintres que l'on aura à faire, et que nous ne pouvons tous désigner sans trop nous étendre.

Quel que soit le nombre de pièces à exécuter, on doit faire une forme

7

Cela à première vue paraît être une grande dépense ; mais si on regarde le résultat, c'est presque toujours une économie, parce que, ayant affaire à des fers laminés plus ou moins bons, qui se travaillent généralement difficilement, si on n'obtient pas du premier coup le cintre définitif, qu'il faille s'y reprendre en plusieurs fois, quand on arrivera au but le fer sera tout criqué et on sera obligé de le rebuter. Donc travail complètement perdu ou tout au moins très imparfait, tandis qu'avec une forme on arrive juste à la courbe sans avoir fatigué le fer.

Pour les fers plats larges à cintrer sur champ, ce sera sur des formes disposées de la même façon, en ayant toujours soin de redresser à la chasse, au fur et à mesure que l'on cintre, car le plat voilant beaucoup doit être cintré petit à petit sans être brusqué.

Pour couder à chaud les cornières et les fers à T, on doit arranger son feu à la forge de manière à chauffer de préférence et plus fortement la partie où le fer doit rentrer en lui-même ; car le but que l'on doit atteindre pour ne pas affaiblir la matière, c'est de ne pas laisser le fer s'allonger, mais bien rentrer en lui-même. Ce travail se fait dans un faux rouleau de la forme à donner.

Une fois le coude obtenu, que ce soit une cornière ou un fer à T, la côte intérieure forme des plis, car généralement la branche de la cornière ou la côte du T simple est en dedans pour les montants de poutres, et comme cette côte se trouve dans le faux rouleau, on ne peut la redresser en coudant ; c'est pourquoi on les chauffe seulement sur la côte et on les aplatit à la chasse pour rentrer le fer en lui-même et effacer les plis qui s'étaient formés. A la suite de ce travail les coudes ne sont nullement déformés, parce que, ayant été chauffé à blanc, le fer n'a fait aucune résistance pour rentrer en lui-même, et de plus le feu a aidé en mangeant le surcroît de matière accumulée par le coudage en dessous.

Quand on a des coudes à faire avec la côte en dehors, on n'arrive bien au résultat qu'en coupant aux trois quarts la côte, en faisant le coude et en soudant après un lardon dans la partie vide. Pour couper, on donne d'abord un coup de poinçon à chaud pour laisser une partie ronde à s'ouvrir et non pas un angle vif, qui pourrait se fendre plus loin, puis un coup de tranche jusqu'au bord de la côte.

BALANCIER A FRICTION.

Le balancier à friction marchant par courroie, dont nous avons déjà parlé (pl. 1, fig. 3), rend de très grands services dans la construction des charpentes et ponts, parce que tout en travaillant plus vite on en obtient des pièces très régulières.

Nous allons donner la description et le détail de quelques-uns des outils les plus utiles que l'on peut y adapter.

Voyons d'abord la manière générale de les faire :

La partie haute de l'outil adaptée au balancier s'appelle le nez, se goupille dans la coulisse du haut et a la forme indiquée (pl. 6, fig. 11); cet outil est en acier fondu ou coulé et reçoit la pièce en queue d'hironde portant le ou les poinçons. Cette dernière (pl. 6, fig. 12), rentre dans la précédente avec un léger cône, de façon à tenir bien solidement à fond ; elle est également en acier.

La partie basse de l'outil, appelée matrice, est une pièce en fer avec une coulisse en acier fondu ajustée à queue d'hironde et une goupille perdue pour éviter le déplacement.

Le dessin (pl. 6, fig. 13), représente un outil destiné à poinçonner et découper les pattes, que l'on rive habituellement aux deux extrémités des montants appelés petits bois des devantures de boutiques, par exemple; il s'en fait une grande quantité. Ils sont en T simple, en moulure ou en demi-rond à vitrage. L'outil de ces petites pattes est assez compliqué et donne une idée de ce que l'on peut faire au balancier comme coupe et poinçonnage.

Ainsi on découpe et poinçonne en même temps deux largeurs différentes de fer côte à côte et à même les barres prises brutes

On guide ces fers en largeur au moyen de fourrures en fer A, B, mises à la demande dans l'outil, et assez épaisses pour laisser passer librement les barres; il en résulte que l'on peut travailler du fer plus ou moins large en réglant les cales suivant la largeur.

A l'intérieur existe un petit taquet C qui sert à butter le bout des barres pour régler la longueur de la pièce à découper. (Voir les pièces découpées pl. 6, fig. 14.)

Quand on a à couper de grandes longueurs, on met le guide à

l'extérieur, monté sur une coulisse, afin de pouvoir le régler à volonté.

On remarquera que, pour les outils qui doivent cisailler ou poinçonner, on fixe dans la partie haute de ces outils des guides D D' (voir fig. 13 à l'élévation). Ces guides sont des tiges en fer, bien cylindriques, qui se terminent en cône par le bout et qui viennent s'engager dans les trous correspondants E E' de la partie basse (voir en plan), afin de bien prendre l'axe, pour que les poinçons travaillent exactement dans leur centre et ne viennent pas se briser sur la matrice ; ce système doit toujours être employé quand on fait du découpage ou du poinçonnage, parce que le balancier travaillant par choc il peut résulter un déplacement de la matrice ou des poinçons. On voit aussi que les quatre boulons qui assemblent le dessus de la matrice-guide dépassent pour servir de buttée au porte-poinçon, afin qu'il ne descende pas plus bas ; on les laisse donc saillir suivant les besoins. On fait toujours les poinçons le plus courts possible, surtout quand ils sont d'un petit diamètre, et les poinçons ronds pour faire les trous doivent toujours être plus longs que ceux qui coupent parce que la pièce reculerait si elle n'était maintenue par les poinçons ronds pendant que les plats coupent ; cela a aussi l'avantage de gagner de la force au balancier.

On fait aussi des outils de ce genre pour découper et poinçonner en même temps les montants et les croisillons des poutres en treillis, et avec guide extérieur à coulisse pour régler la longueur à volonté ; ce guide sert aussi sur les côtés pour donner l'axe du fer quand on pousse la barre en dehors de la matrice. Pour les montants, le dessin (pl. 6, fig. 15) donne la forme des poinçons : celui du milieu est pour couper le fer ; il est plus court de 6 à 7 $^m/_m$ que les poinçons ronds, comme nous l'avons dit, afin de diminuer l'effort du balancier et d'éviter le recul des pièces.

Pour les croisillons (pl. 6, fig. 16), c'est toujours le poinçon du milieu, plus court que les autres, qui sépare les pièces.

Il y a des fourrures à droite et à gauche, dans l'outil, pour servir de guide dans la largeur du fer ; de sorte que l'on peut faire toutes ses largeurs et épaisseurs à volonté en changeant ces fourrures, et, suivant que l'on incline à droite ou à gauche le fer dans la matrice on change la place de l'angle par rapport à l'axe de la barre à couper ; les cales dans ce cas sont réglées pour passer en biais Pour les croisillons comme pour les montants, le guide de la longueur que l'on veut couper est en arrière, de sorte que, en prenant la barre, on fait le premier bout du croisillon, puis on n'a plus qu'à pousser en buttant sur le guide, et à chaque coup de balancier il tombe un montant ou un croisillon, puisque en faisant le dernier bout du premier, on fait le premier bout du second.

On peut ainsi, avec un balancier ayant une vis de 120 $^m/_m$ de diamètre, faire des croisillons et montants dans du fer de 60 × 9 et moins, tout en poinçonnant les trous en même temps ; sur le guide contre la matrice on met un ressort qui fait basculer et tomber le croisillon quand il est coupé, et d'autant plus facilement que la plaque-guide des poinçons dans la matrice est arrondie en dedans sur 20 $^m/_m$ environ à la sortie, de sorte que le croisillon, en abandonnant la barre qui l'a produit, se trouve soulevé brusquement dans la matrice par le ressort ; il abandonne alors la buttée à l'autre bout et vient tomber au-dessous du guide.

Outils a couder et contre-couder.

Ils se font généralement en fer. Cependant, maintenant que l'on peut se procurer facilement et à bon marché des pièces fondues en acier coulé, on fera mieux d'employer cette matière. ces outils dureront bien plus longtemps.

Le dessin (pl. 7, fig. 1) représente l'outil à couder les plats d'équerre, dans toutes les largeurs de fer et à la longueur que l'on veut ; si cette longueur dépasse l'outil, on fait le ployage en plusieurs fois en avançant le fer à chaque coup de balancier.

On met des guides pour couder à la largeur de branche que l'on désire ; ces guides sont serrés avec la même griffe qui serre la matrice.

Pour les équerres fermées, on a un outil (pl. 7, fig. 2) avec un angle très aigu ; au moyen de coins rapportés avec des vis en bas et en haut, on obtient tous les angles dont on a besoin.

Il en est de même pour les équerres ouvertes (pl. 7, fig. 3).

Pour renvoyer des plaques et goussets quelconques devant passer par-dessus les nervures des fers à double ou à simple T, lorsqu'on ne veut pas couper ces nervures pour ne pas affaiblir le fer, on se sert d'un outil (pl. 7, fig. 4) dont les formes du renvoi à faire sont ajustées à queue d'hironde, de manière à avoir des profils pouvant se changer à volonté.

Pour contre-couder les fers à T, on se sert d'un outil (pl. 7, fig. 5) sur lequel on monte des cales de l'épaisseur du renvoi que l'on veut faire. La partie du haut a ses cales à l'opposé de celle du bas, laquelle a ses cales d'équerre d'un côté pour augmenter ou diminuer l'entaille dans laquelle passe la côte du fer, afin qu'elle soit bien maintenue suivant son épaisseur.

On peut également couder des fers à T et des cornières au balancier, les cornières deux à deux à 135° et au-dessus, sans danger de casse, et avec la certitude d'avoir du travail bien fait et surtout très régulier et par paire.

On se sert pour cela de l'outil indiqué (pl. 7, fig. 6); il y a aussi à cet outil des cales rapportées qui permettent de changer l'angle de ployage à volonté.

Comme on le voit, on peut avec le balancier exécuter beaucoup de travaux. Il suffit pour cela d'y adapter les outils nécessaires et nous venons de citer quelques-uns des principaux; ces outils peuvent naturellement, suivant les besoins, varier à l'infini.

Nous n'avons pas parlé de la forge en matrice que l'on peut y faire, parce que cela nous entraînerait un peu trop loin; la chose, du reste, est assez facile, il suffit, comme à la forge, de faire un dessus et un dessous, d'ébaucher les pièces d'abord dans des outils disposés pour cet objet, puis de les finir dans d'autres; nous le répétons, le balancier à friction offre beaucoup de ressources, et les outils que l'on y adapte sont peu coûteux.

Je crois que jusqu'ici on ne s'était pas bien rendu compte dans la construction métallique des grands services que peut rendre cet outil; nous ne l'avons vu bien apprécié que dans toutes les maisons où l'on fait de l'emboutissage, mais c'est justement parce qu'il est indispensable dans ce genre de travail qu'il l'est également ment pour la construction de charpentes, où on a toujours de grandes forces à produire et où l'on craint toujours, par conséquent, de briser les outils dont on dispose, parce qu'ils sont tous à course fixe et que lorsqu'ils rencontrent une résistance plus grande ils se brisent. Le balancier, lui, s'arrête quand il ne peut aller plus loin, et cela ne l'empêche pas d'avoir une grande puissance de frappe.

Nous profitons de la deuxième édition de cet ouvrage, qui s'est écoulé à douze cents exemplaires, pour donner, suivant le vœu de beaucoup de personnes, la manière pratique de tracer les différents cas d'escaliers en fer, dont l'usage se répand de plus en plus dans toutes les constructions.

Ces escaliers sont fabriqués actuellement par quelques maisons dont c'est la spécialité, et qui sont, presque seules, initiées à ce genre de construction, qu'elles font du reste d'une façon parfaite ; c'est pour le rendre accessible à tous que nous allons en donner tous les renseignements pratiques qui permettront, au moins habile, d'en établir aussi dans de bonnes conditions.

CHAPITRE VI.

ESCALIERS EN FER

PLANCHE Nº 8.

Type d'escaliers à l'anglaise le plus courant.

Les escaliers en fer sont composés d'une ossature métallique sur laquelle reposent les marches qui peuvent être en pierre, en bois ou en fer.

Suivant la forme de l'ossature, les escaliers se divisent en 2 catégories principales :

1º Escaliers à l'anglaise ;

2º Escaliers à la française.

Quel que soit le genre, les différents termes employés sont les mêmes ; la planche nº 8, qui représente le type d'escaliers à l'anglaise le plus courant, les résume tous.

Cage.

La cage est l'emplacement dans lequel on construit l'escalier; elle est généralement limitée par quatre murs dans lesquels sont percées les baies des fenêtres et les portes.

Il y a une grande variété de cages : elles peuvent être rectangulaires, carrées, rondes, ovales, etc.

Jour.

Le *jour* est l'espace vide placé au centre de la cage et entouré par les limons et la rampe. La largeur du jour ne doit pas être inférieure à $0^m,200$ afin de pouvoir placer les barreaux de la rampe.

Limons.

Le *limon* est la partie la plus importante de l'escalier, il est formé d'une tôle cintrée et débillardée suivant le rampant de l'escalier. Il porte les marches et la rampe et reçoit l'assemblage des contremarches et sous-marches.

Le limon prend naissance avec les premières marches et se termine aux paliers.

Quand le limon fait saillie au-dessus des marches et au-dessous du plafond, on le désigne sous le nom de *limon à la française*.

Quand il est dissimulé sous les marches, ce qui s'obtient en le découpant en gradins ou crémaillère, on le désigne sous le nom de *limon à l'anglaise*.

Contrelimons ou faux limons.

On appelle *contrelimon* un limon posé contre un mur ou placé le long d'une baie.

Il porte une extrémité des marches et reçoit l'assemblage des contremarches.

Marches.

La *marche* est la partie horizontale sur laquelle on pose le pied pour monter ou descendre.

La première se nomme *marche de départ* et la dernière *marche d'arrivée*, *marche palière* ou *plaquette*.

Les marches sont moulurées sur le devant et en retour dans le jour ; ces moulures sont désignées sous le nom de *nez de marches* ou *astragales*.

La partie fixée sur le limon se nomme *collet de marche*.

Les marches peuvent être en bois, en pierre, en marbre ou en fer.

PALIERS.

Un palier est une marche plus grande que les autres sur laquelle on peut faire plusieurs pas afin de se reposer.

Quand il se trouve à la fin d'un étage, il prend le nom de *palier d'arrivée*.

Quand il se trouve au milieu d'un étage, on a une certaine fraction de la hauteur d'un étage, il prend le nom de *palier de repos*.

Les paliers sont des planchers à l'arrivée et au départ de l'escalier. Ils doivent être placés au niveau des planchers du bâtiment auxquels on doit accéder.

CONTREMARCHES.

La *contremarche* est une tôle verticale qui arrête le pied en montant et en descendant ; elle porte le devant de la marche.

Une de ses extrémités est boulonnée sur le limon ; l'autre est boulonnée sur le contrelimon quand il y en a un ; quand il n'y en a pas, elle se scelle dans les murs de la cage.

SOUS-MARCHES.

Les *sous-marches* sont des cornières assemblées sur les limons et contrelimons, et destinées à porter l'arrière des marches quand ces dernières sont trop larges ou qu'elles sont en pierre ; dans ce dernier cas, on les réunit aux contremarches par des entretoises en fer plat.

ÉCHIFFRE.

L'*échiffre* d'un escalier comprend toute l'ossature : limons, contrelimons, contremarches, sous-marches et fers de paliers.

Quelquefois *la première volée* d'un escalier (suite non interrompue de marches entre deux paliers) est portée par un mur que l'on désigne sous le nom de *mur d'échiffre*.

EMMARCHEMENT.

L'*emmarchement* est la longueur de la marche mesurée sur l'astragale, ou nez de marche, et dans les parties droites

LIGNE DE GIRON OU LIGNE DE FOULÉE.

La *ligne de giron* se trace sur l'épure de l'escalier.

Dans les parties droites, elle passe par le milieu de l'emmarchement ou milieu des marches.

Le *giron* d'une marche est sa largeur mesurée sur cette ligne ; il doit être assez grand pour que l'on puisse y poser facilement le pied en montant ou en descendant; il est généralement compris entre $0^m,25$ et $0^m,30$.

Pour déterminer la largeur de giron d'une marche et sa hauteur, on peut employer la formule empirique suivante :

$$l + 2\,h = 0^m,650$$

dans laquelle l est la largeur de giron et h la hauteur de la marche, comme cette dernière quantité h est généralement connue, il est facile de déterminer la largeur l.

BALANCEMENT.

Les divisions des marches sur la ligne des nez de marches, dans le jour, forment ce qu'on appelle le *balancement* de l'escalier; il doit être fait de façon que les collets des marches aillent en diminuant progressivement, vers les quartiers tournants, afin de ne pas sauter brusquement d'une marche large à une marche étroite : ce qui produirait des jarrets sur le limon.

ÉCHAPPÉE.

Dans un escalier, l'*échappée* est la hauteur comprise, entre le dessus des marches d'une volée, et le dessous du plafond de la volée immédiatement au-dessus, cette hauteur étant prise sur le devant de la marche.

La hauteur d'échappée doit être au minimum de 1^m,90, afin de permettre le passage d'un homme.

RAMPE.

La *rampe* est composée de barreaux boulonnés sur les limons et réunis entre eux par une bandelette portant la main courante en bois. Les barreaux peuvent être ronds ou carrés, à cols de cygnes, à pitons, à panneaux en fer forgé ou en fonte.

L'écartement des barreaux en plan ne doit jamais être supérieur à 0^m,160$^m/_m$.

La hauteur de la rampe est de 1^m,00 au minimum, mesurée sur le devant ou nez de marche.

FERS DE PALIERS.

Aux paliers, pour porter le limon et le plancher, on met des poitrails ou des bascules, auxquels on accroche le limon.

LATTIS MÉTALLIQUE.

Le lattis métallique d'un escalier se compose de fentons (fers carrés de 7 ou 9$^m/_m$) posés sur les crochets des contremarches et destinés à porter le plafond.

Généralités sur la construction des escaliers.

1° MARCHES EN BOIS.

Les marches en bois sont fixées par des tirefonds, à l'avant et à l'arrière sur les contremarches, et latéralement sur le limon et le contrelimon ; quand ce dernier n'existe pas, les marches se scellent dans les murs de la cage.

Les fentons du lattis métallique sont posés sur les crochets des contremarches.

2° Marches en pierre.

Les marches en pierre reposent sur les contremarches et sous-marches, sur les cornières de limons et sur les entretoises, reliant les contremarches et les sous-marches; elles sont scellées sur le hourdis.

Les contremarches sont formées d'une tôle bordée d'une cornière, ou par une cornière inégale de $90^m/_m \times 30^m/_m$ à $110^m/_m \times 30^m/_m$.

Les fentons se posent de la même façon que pour les marches en bois, mais ce sont les sous-marches qui portent les crochets.

Escaliers à l'anglaise.
Planche n° 9.

Les escaliers à l'anglaise sont caractérisés par le découpage du limon en crémaillère, qui permet aux moulures des marches de se retourner dans le jour, en faisant saillie sur le limon.

Les escaliers de service, à cause des dimensions restreintes de la cage, sont ceux qui présentent le plus de difficultés pour l'exécution.

La figure 1 représente le plan d'un escalier de ce genre, composé de plusieurs étages dont nous avons représenté le premier et amorcé le second; il a des contrelimons le long des murs, a un palier d'angle avec bascule et écharpe droite et un palier d'arrivée avec écharpe rampante.

Épure.
Tracé du plan.

Les données sont :

1° Les dimensions de la cage;

2° Le nombre et la disposition des étages;

3° Le sens du départ, combiné avec l'arrivée de l'escalier de cave;

4° La hauteur de chaque étage qui est celle des planchers du bâtiment;

5° L'emplacement approximatif des paliers d'arrivée, c'est-à-dire les endroits par où on doit accéder dans les logements ou appartements.

La première opération consiste à déterminer le nombre et la hauteur des marches; il faut, autant que possible, que dans un même étage les marches aient toutes la même hauteur qui varie de 0^m,150 à 0^m,165 pour les grands escaliers et de 0^m,165 à 0^m,190 pour les escaliers de service.

Dans l'exemple choisi, nous avons à franchir pour le premier étage une hauteur de 3^m,100, ce qui nous donne 17 marches de 0^m,182.

Cette première opération terminée, on représentera sur l'épure la cage aux dimensions relevées sur place, puis à la distance de 0^m,90 (longueur d'emmarchement pour l'exemple choisi), on trace des parallèles aux murs que l'on relie par des arcs de cercle, on a ainsi tracé la ligne des nez de marches, qui constitue le jour de l'escalier; suivant la largeur de ce dernier, on réunit les parallèles aux murs par deux quarts de circonférence *f*, comme dans l'exemple choisi, ou par une demi-circonférence.

On tracera la ligne de giron passant par le milieu de l'emmarchement, puis on place les marches A et B de telle sorte que l'avant de chacune d'elle soit dans le prolongement de la ligne des nez de marches du jour; cette règle n'est pas absolue, on peut s'en écarter suivant l'emplacement du palier. On placera la marche de départ N° 1, de telle sorte, que l'on puisse facilement y accéder et qu'elle ne gêne pas le développement de la porte d'entrée de l'escalier.

La distance, comprise entre les marches 1 et A, sera divisée sur la ligne de giron en parties égales; il y a exception toutefois pour la première marche, qui doit avoir 2 ou 3^c/$_m$ de giron de plus que les autres; ces dernières ne doivent pas avoir moins de 0^m,180 à 0^m,200, ce qui est déjà très étroit, ni plus de 0^m,320 à 0^m,350, ce

qui obligerait à faire deux pas sur la même marche. Comme nous
l'avons dit déjà, il y a une formule empirique qui donne une
relation entre le giron et la hauteur d'une marche, c'est la
suivante :

$$l + 2h = 0^m,650,$$

dans laquelle l est la largeur de giron et h la hauteur de la marche;
si nous faisons $h = 0$, on a : $l = 0^m,650$; c'est la longueur d'un pas
moyen; si on fait $l = 0$, on a : $2h = 0^m,650$, d'où $h = 0^m,325$, ce
qui nous donne la hauteur des barreaux d'une échelle. Cette
formule n'est guère applicable que pour les grands escaliers; ainsi,
en l'employant, on trouve qu'à une hauteur de $0^m,160$ correspond
une largeur de giron de $0^m,330$.

La division entre les marches 1 et A donne onze divisions de
$0^m,220$, nous accepterons cette dimension de giron comme bonne;
les marches A et D auront respectivement les numéros 11 et 12.

De 12 pour aller au palier d'arrivée, il reste à franchir cinq marches,
nous porterons sur la ligne de girons, à la suite de 12, cinq divisions
de $22^{c/m}$; la dernière sera la marche 17, si elle arrivait trop loin de
la porte donnant accès à l'appartement, on augmenterait la largeur
du giron entre les marches 12 et 17, si au contraire elle tombait
dans la porte, il faudrait la diminuer ou faire une marche cintrée
du côté du mur.

Nous aurons ainsi déterminé, pour le premier étage, les divisions
de toutes les marches sur la ligne des girons.

Pour le balancement, c'est-à-dire la division sur la ligne des nez
de marches, il n'y a pas de règle bien déterminée à suivre; on
procède par tâtonnements, en ayant soin de faire des collets de
marches, allant en augmentant ou en diminuant progressivement,
vers les quartiers tournants, afin de ne pas sauter brusquement,
d'une marche large à une étroite, ce qui produirait des jarrets sur
la retombée du limon.

Le balancement terminé, on joint les points ainsi trouvés à ceux
correspondants de la ligne des girons et on a ainsi tracé les devants
ou astragales de toutes les marches. En traçant des parallèles à
ces lignes, à la distance de la saillie de l'astragale, on aura
représenté les contremarches.

Limon.

En plan, le limon sera une ligne parallèle à celle des nez de marches, dans le jour et à la distance de la saillie de l'astragale.

Il est formé d'une tôle de 5 à 7$^m/_m$ d'épaisseur, découpée en crémaillère et cintrée suivant le plan ; il est supporté par les bascules des paliers et porte tout l'escalier.

A chaque cran, il est entaillé pour recevoir l'oreille en retour de la marche, et porte également à chaque cran une équerre verticale percée de trous pour recevoir la contremarche et une ou deux équerres horizontales pour porter les marches ; ces équerres sont percées de trous pour tirefonds.

Développement.

Pour développer le limon sur l'épure, on procède de la façon suivante :

On relève sur une pige, en partant du départ de l'escalier, toutes les distances (fig. 6) existant sur le devant du limon entre deux contremarches consécutives, soit 4′ 5′ ; 5′ 6′ ; 6′A ; on développera sur la pige le quart de circonférence AB, et entre les points trouvés on portera le développement de tous les arcs A7′ ; 7′8′ ; 8′9′ ; 9′B ; on continue par B′10′, 10′C, etc.

Après avoir relevé ainsi tout un étage d'escalier, on reportera toutes les divisions de la pige sur une horizontale appelée *échelle de base* ; on portera sur une verticale, *échelle des hauteurs*, toutes les hauteurs des marches ; on numérotera ces divisions et par tous ces points on mènera des horizontales qui formeront, avec les verticales, menées par les points correspondants de l'échelle de base, les crans ou la crémaillère du limon.

Pour déterminer la retombée, on décrira du fond de chaque cran, comme centre des arcs de cercle d'un rayon variant de 0^m,080 à 0,150, suivant l'importance de l'escalier et le genre de hourdis employé. On tracera une ligne tangente à tous ces arcs de cercle, puis on la rectifiera tantôt en sortant de ces arcs, tantôt en les

8

coupant suivant le besoin, afin d'obtenir une courbe gracieuse et ne présentant pas de jarrets.

Aux paliers, la hauteur de retombée est donnée par les dimensions des fers, bascules ou filets, et par la hauteur de la moulure du plafond (fig. 7), le limon doit descendre au moins de $2^c/_m$ plus bas que cette dernière.

Le fond de chaque cran est découpé pour loger l'arrière de la marche ; pour les escaliers à marches, en bois plafonnés, ce découpage se fait comme il est indiqué (fig. 5 et 9) pour ceux qui sont à dessous apparent; ou pour les escaliers en pierre, le découpage épouse la forme de l'astragale de la marche.

Il ne nous reste plus à tracer que les trous pour équerres et barreaux de rampe. Pour les premiers, on opère comme on a l'habitude de le faire pour tous les travaux de charpente. Pour les trous de rampe, on relève sur la pige précédente les distances prises sur les limons, qui existent entre les axes des barreaux en plan. (La division se fait sur la ligne projection des axes des barreaux, c'est-à-dire sur l'axe de la rampe et tous les $0^m,160$ au maximum). On reportera ces divisions sur l'échelle de base en se servant des axes A, B, C, comme points de repères.

Quand on est bien exercé dans le tracé des escaliers, on fait cette opération en même temps que celle que l'on a déjà faite, pour le tracé des crans du limon.

Dans le développement, les trous des barreaux se trouveront sur les verticales menées par ces points et sur une ligne de trusquinage, parallèle à la retombée du limon qui y sera distante de 6 ou $8^c/_m$, suivant la largeur du piton, ou le diamètre de la rosace du barreau de rampe.

On reportera également sur le limon les bascules en fer I et on tracera les trous pour les boulons d'assemblage.

Le tracé du limon terminé sur l'épure, on le reproduira sur la tôle qui devra être planée; ce sera pour ainsi dire un deuxième tracé semblable au précédent; les personnes bien exercées pourront faire le tracé directement sur la tôle, en la plaçant sur le plancher d'épure.

Après avoir fait les découpages, on cintrera les limons entre les axes A, B; C, D; ce cintrage peut se faire au cylindre ou au marteau et à la main.

On rivera ensuite les équerres pour l'assemblage des marches et contremarches.

Dans un étage, on fera un joint près du palier et un ou deux autres dans les parties droites.

CONTRELIMONS.

Le long des murs, on place des contrelimons ou faux limons pour porter les marches et contremarches, quand les murs ne permettent pas de scellements. Leur construction est identique à celle des limons, quand ils sont apparents, c'est-à-dire quand ils passent dans une baie, ou que le dessous de l'escalier est apparent.

Quand les contrelimons ne sont pas vus, on les prend dans des déchets de tôle, et on leur donne une hauteur normale de retombée de 6 à $10^c/_m$ seulement.

CONTREMARCHES.

Les contremarches se représentent en plan, par une ligne parallèle au-devant de la marche, qui y est distante de la saillie de l'astragale.

Quand il n'y a pas de contrelimon, elles se scellent de $10^c/_m$ dans les murs latéraux. A leur partie supérieure, elles portent trois ou quatre équerres, suivant leur longueur, percées de trous pour tirefonds, et à leur partie inférieure elles ont des crochets destinés à porter le lattis métallique du plafond.

BASCULES DES PALIERS.

Aux paliers, les limons sont portés par des bascules en fer I, reposant sur des écharpes également en fer I. Les bascules sont toujours droites, tandis que les écharpes peuvent être rampantes comme celle du palier d'arrivée (fig. 1 et 4); elles portent l'arrière des marches ainsi que les sous-marches, quand il y en a; dans l'exemple choisi, une bascule repose directement sur l'écharpe, tandis que pour l'autre, on a ajouté une équerre d'assise rivée sur sur l'écharpe.

Quelquefois, on arme le limon de cornières, qui se prolongent sous les marches, jusqu'aux murs, pour s'y sceller, ou jusqu'aux filets des paliers, pour s'y assembler ; elles se tracent de la même façon que les écharpes rampantes.

Pour les grands paliers, les bascules sont remplacées par des filets composés de fers à I, auxquels les limons sont assemblés.

Pour les escaliers en pierre, la construction diffère de la précédente :

1° Pour les équerres d'assise des marches qui ne sont pas percées de trous pour tirefonds ;

2° L'arrière des marches est portée par des cornières, sous-marches, assemblées d'un côté sur le limon et de l'autre sur le contrelimon, ou scellées dans les murs de la cage, quand ce dernier n'existe pas ;

3° Les contremarches, au lieu d'être de simples tôles, sont remplacées par des cornières inégales 90 × 30; 100 × 30, etc., ou par une tôle bordée d'une cornière à sa partie supérieure; les contremarches sont réunies entre elles par des entretoises en fer plat.

Les escaliers en tôle striée ont même construction que ceux en bois, seulement le fond de chaque cran du limon, n'est pas découpé pour loger l'arrière de la marche ; ces dernières sont fixées sur les limons et contrelimons par des vis à métaux.

ESCALIERS TOURNANTS.

Une variété d'escaliers en fer est celle connue sous le nom d'*escaliers tournants*, à tube central, dits *escargots*, ou encore *escaliers à vis de Saint-Gilles*. Ils se font à l'anglaise et à la française, et sont généralement employés pour boutiques, jardins, etc.

Un tube vertical en fer creux (fig. 10 et 11) est placé au centre de l'escalier, et les marches et contremarches y sont fixées par des vis à métaux. Le limon extérieur est visible et porte une rampe.

Le reste de la construction est identique à celle indiquée précédemment, que les marches soient en bois, en pierre ou en fer, à dessous hourdé ou apparent ; nous ferons seulement remarquer que, sur le développement, la retombée du limon est une ligne droite quand les girons sont égaux.

Escaliers a marches mobiles et démontables.

On reproche généralement aux escaliers en fer de ne pas permettre, sans détériorer le plafond, d'enlever les marches qui sont devenues défectueuses, soit par l'usure ou parce que le bois a travaillé et s'est fendu. Il existe plusieurs systèmes d'escaliers à marches mobiles et démontables qui remédient à cet inconvénient. Ils ont tous de commun l'emploi de contrelimons le long des murs. Plusieurs d'entre eux compliquent la construction par l'emploi de sous-marches pour porter le plafond, et en rendant les contremarches amovibles, en les fixant aux limons par des vis à métaux. Nous n'entreprendrons pas la description de ces différents systèmes, qui sont très difficilement démontables ; nous en citerons seulement un qui nous a paru être le plus pratique jusqu'à ce jour.

Il est caractérisé par la suppression de l'amovibilité des contremarches et par la suppression des sous-marches et celle des vis à métaux.

Sous chaque marche se trouvent vissés deux crampons en tôle (fig. 12, 13, 14), dans lesquels s'engagent des boulons, qui passent en outre dans des trous pratiqués dans les contremarches et dans les crochets du lattis.

Au montage, on tourne ces boulons jusqu'à ce que la partie excentrée soit verticale (position indiquée sur le dessin), et par suite fasse serrage sur les crampons, afin d'appliquer énergiquement la marche sur ses équerres d'assises.

Pour démonter une marche, il suffit de tourner les boulons avec une clef à griffes, comme si on desserrait un écrou ordinaire, la

8*

partie excentrée vient buter contre le goujon g, rivé sur le crampon, et force le boulon à glisser horizontalement jusqu'à ce que sa tête échappe la contremarche; on peut alors l'enlever à la main, la marche est libre; on peut ainsi la remplacer par une autre.

Le reste de la construction de ces escaliers est identique à ceux décrits ci-dessus.

Escaliers à la française.

Comme les précédents, les escaliers à la française peuvent se faire avec marches en bois, en pierre ou en fer.

Le limon fait saillie au-dessus des marches et au-dessous du plafond, on en distingue plusieurs sortes :

1° **Limon tout en fer**; composé d'une tôle bordée de cornières avec ou sans encadrement (fig. 11) ou d'une tôle bordée de fers moulurés.

2° **Limon fer et fonte**; peuvent être composés d'une seule tôle, comme dans le cas précédent, les moulures étant en fonte au lieu d'être en fer; ou de deux tôles réunies entre elles par des moulures en fonte dans le même genre que pour les limons fer et bois.

3° **Limon fer et bois**; sont composés de deux tôles réunies haut et bas par des moulures en bois, soit ordinaires soit saillantes (fig. 9), c'est ce genre d'escaliers que l'on emploie le plus souvent.

4° **Limon en fer et stuc**; sont disposés pour être ravalés en stuc afin de simuler la pierre ou le marbre; ils se composent d'une âme, tôle ou fer plat bordée de cornières haut et bas, entre lesquelles sont fixées tous les 0^m,300 environ, des crochets pour porter les fentons qui forment le lattis du limon (fig. 10). Ce genre de limon s'emploie presque aussi souvent que le précédent.

TRACÉ DES ESCALIERS A LA FRANÇAISE.

La figure 1 représente le plan d'un escalier à limon fer et bois, il se compose d'un étage de vingt et une marches; d'un côté, les marches et contremarches se scellent dans un mur de la cage, du côté opposé les marches et contremarches sont assemblées sur un contrelimon à l'anglaise non apparent, sur le 3ᵉ côté, ils s'assemblent sur un contrelimon à la française et apparent, ce dernier est nécessité par la présence d'une fenêtre dans le mur.

Le plan se tracera de la même façon que pour l'escalier à l'anglaise, seul le tracé du limon varie car il est plus large, et les marches au lieu de se retourner dans le jour s'arrêtent contre le limon.

LIMON.

Il se compose de deux tôles, l'une intérieure du côté du jour, est en $5^m/_m$ d'épaisseur, l'autre extérieure du côté des marches est en $7^m/_m$; entre ces tôles sont vissées haut et bas les fourrures en bois.

A sa partie inférieure, il se termine pour une volute de départ qui repose sur la deuxième marche à tête; la retombée inférieure du limon descend jusque sur la première marche.

A sa partie supérieure, il se retourne horizontalement et est accroché sur le filet, par l'intermédiaire de cales en fonte

DÉVELOPPEMENT DU LIMON.

Pour tracer le limon, on développe chaque tôle sur le plan vertical; la figure 4 représente une partie du développement de la tôle extérieure; pour le déterminer, on procède de la même façon que pour les escaliers à l'anglaise, en relevant sur une pige toutes les distances 6'7', 7'8', 8'A, Aq', q'10', 10' 11', etc.; et en les reportant sur une échelle de base, on trace par toutes ces divisions des verticales qui formeront, avec les horizontales menées par les points correspondants de l'échelle des hauteurs, la crémaillère du limon, c'est-à-dire la trace de chaque dessous de marche sur le limon (marche 7, fig. 4).

La retombée supérieure sera une ligne passant à quelques centimètres au-dessus de chaque nez de marche, et la retombée

inférieure sera une ligne autant que possible parallèle à la première
et distante du dessous des marches d'une longueur telle que la tôle
cache complètement le plafond avec ses moulures.

La retombée étant tracée, on indique les joints de tôles qui se
feront de préférence dans les parties droites; on trace les trous pour
vis à bois et pour équerres portant les marches et contremarches;
on les perce, puis on cintre les tôles comme pour les limons
à l'anglaise.

Dans les parties droites, le tracé n'offre pas de grandes difficultés,
mais dans les quartiers tournants il est plus délicat, la figure 5
représente le plan d'un quartier tournant à plus grande échelle qui
va nous permettre d'expliquer d'une façon plus claire le développement de la tôle extérieure de ce quartier tournant et d'en déduire
celui de la tôle intérieure.

La crémaillère du limon se déterminera comme il a été dit plus
haut, on tracera *provisoirement les retombées supérieures et inférieures*, puis, après avoir reporté sur l'échelle de base les distances

$$Aa, ab, bc, cd, dC$$

et mené les verticales par ces points de divisions, on passera au
tracé de la tôle intérieure; nous ferons remarquer à cet effet que
pour les deux tôles, les points correspondants des retombées qui se
projettent horizontalement en A et en D, en a et en C, etc., sont
respectivement en élévation à la même hauteur par rapport au
même plan horizontal; prenons un plan horizontal de comparaison
passant, par exemple, par C dans le développement de la tôle
extérieure, sa ligne de terre sera représentée par lt, passant par le
point C'; représentons-la par $l't'$ pour le développement de la tôle
intérieure, à partir du pont F, nous porterons sur cette ligne les
divisions Fh, hg, gE, etc., relevées en plan sur une pige; par les
point de divisions, menons des verticales sur lesquelles nous porterons les distances FF' = CC'; $hh' = d'd''$, $h'h'' = d''d'''$; $gg' = c'c''$,
$g'g'' = c''c'''$, etc. ; les points F, h', g', etc.; F'', h'', g'', etc., appar-
tiendront aux retombées supérieures et inférieures de la tôle intérieure, il suffira de les réunir par une courbe, entre les axes G et G,
c'est-à-dire dans la partie droite, la tôle intérieure a absolument le
même développement que la tôle extérieure; à partir des points

F et F' on reportera donc les traces C'x et C''x', on fera de même pour la partie du limon comprise au delà des axes A et D, pour raccorder ces courbes avec celles du quartier tournant, quelquefois on sera forcé de tricher un peu, c'est-à-dire cette dernière pourra ne pas passer par les points F$h'g'$, etc.; F'', h'', etc., déterminés précédemment, il faudra alors modifier en conséquence les retombées de la tôle extérieure, c'est pourquoi nous avons dit plus haut que pour ces retombées nous faisions un tracé provisoire, c'est par tâtonnements que l'on arrive à faire concorder les retombées des deux tôles.

Si le limon avait la coupe représentée figure 9 pour la tôle intérieure, on ferait le tracé ci-dessus, puis on représenterait deux courbes parallèles à celles du haut et du bas et à des distances respectives x et y (fig. 9) prises normalement au rampant, cette tôle serait ainsi complètement déterminée.

Les deux tôles étant cintrées, comme il a été dit plus haut, on les met en élévation en les reliant entre elles par des cales provisoires, puis on relève les calibres nécessaires pour le débillardement des fourrures en bois.

A sa partie inférieure, la tôle extérieure contourne la volute de départ et y est fixée, comme dans le cours de sa longueur, par des vis à bois; cette volute est en bois dans l'exemple choisi, mais dans les grands escaliers elle peut être en fonte; elle se trace absolument à l'œil en même temps que les marches à tête.

CONTRELIMONS.

Les contrelimons à l'anglaise se font comme pour les escaliers du même type. La figure 2 représente l'élévation du contrelimon à la française, il reçoit l'assemblage des marches et contremarches et est composé, comme le limon, de deux tôles et de fourrures en bois.

MARCHES.

Elles peuvent être :

1° En bois et se fixent par des tirefonds sur les contremarches et sous-marches.

2° Elles peuvent être en fer, elles sont alors fixées par des vis à métaux sur les contremarches et limons ; dans ce cas, le limon est généralement tout en fer.

3° Les marches peuvent être en pierre, elles sont alors scellées sur les contremarches et sous-marches.

CONTREMARCHES.

Elles sont en tôle de $3^m/_m$ bordées à leur partie supérieure d'une cornière pour porter les marches ; elles portent les crochets pour le lattis métallique.

SOUS-MARCHES.

Elles s'emploient toujours pour des marches en pierre, elles sont alors reliées aux contremarches par des entretoises en fer plat ; quand l'emmarchement est très grand, on les emploie également pour les marches en bois.

Quand il y a des sous-marches, ce sont elles qui portent les crochets pour le lattis métallique.

FERS DES PALIERS

Aux paliers on met généralement des filets pour porter le limon et les fers de remplissage. Pour les paliers d'angle, on peut employer des bascules comme pour les escaliers à l'anglaise.

FIN.

Machine à cintrer les double T cornières et autres (page 34)

Machine à cintrer les larges plat et les tôles (page 36)

Fig. 5. Lame à couper les côtés des T double. (page 25)

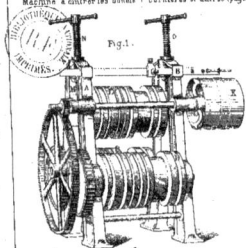

Fig. 1.

Vue en bout

Élévation

Vue de bout

Vue de côté
Coupe AB

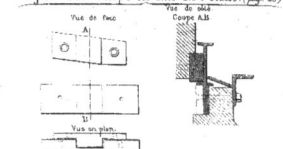

Vue en plan.

Vue en bout

Fig. 2.
Plan

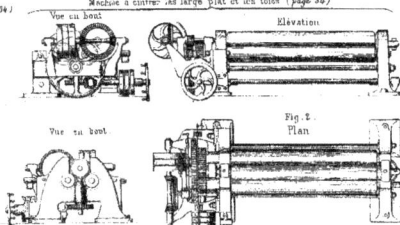

Fig. 3 : modèle de trois lames pour faire les tenons des fers plats (page 26)

Presse à vis horizontale
pour redresser ou cintrer les gros fers...(page 36)

Balancier à vapeur à friction (page 33)

(a) Vue de côté du poinçon

(b) Vue de face du poinçon

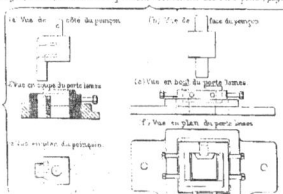

Vue en coupe du porte lames

(c) Vue en bout du porte lames

Vue en plan du porte lames

Vue en coupe du poinçon

Élévation   Fig. 4.

Plan

Fig. 3.

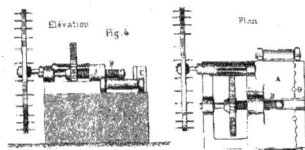

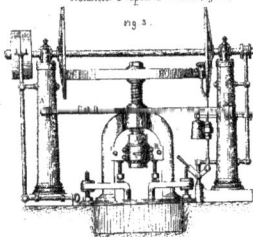

Fig. 7 : lames à point... à lames les double T (p.26)

Fig. 8 (page 27)

Vue de fer   Vue de côté

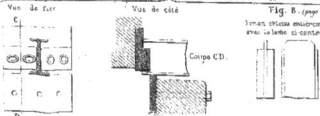

Coupe CD

lames offsets entièrement
avec la lame ci-contre

Pl. II

Coupe

Elévation

Plan

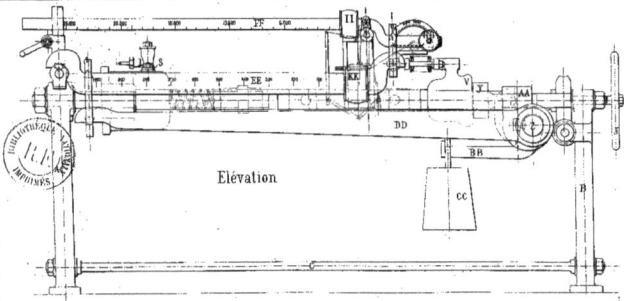

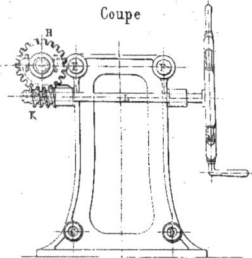

MACHINE HYDRAULIQUE A ROMAINE

essayant les matières à la traction, à la flexion et à la compression
avec appareil spécial, permettant à l'éprouvette de tracer elle-
même sa limite d'élasticité et le diagramme de ses allongements correspondant aux différentes charges *(page 62.)*

Echelle de 1/20

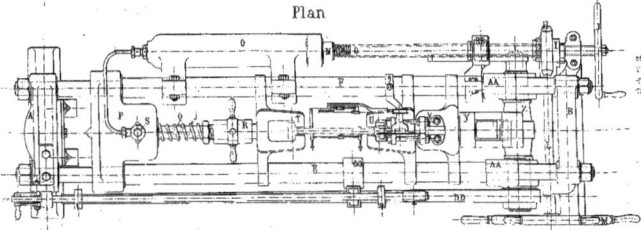

Pl. III

Fiq.1._ Epure de la forme.   1er Cas. Combles avec dessus en ligne droite
(page 82)   croupe a 45° et pannes verticales.

Fiq.7. (page
Rabattement de l'arêtier (page 84)
et trace de la panne dessus.

Fiq.2. Elévation avec les dimensions des fers.
(page 82)

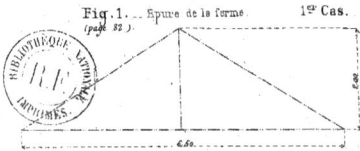

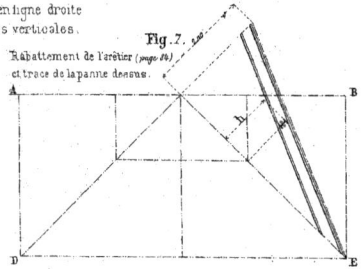

Fiq.8. (page 84)
Epure pour avoir le surbaissement
de l'arêtier d'après sa largeur

Fiq.11 (page 85)
Assemblage du haut de la croupe.
Ferme de Croupe

Fiq.3. Vue en plan.
(page 83)

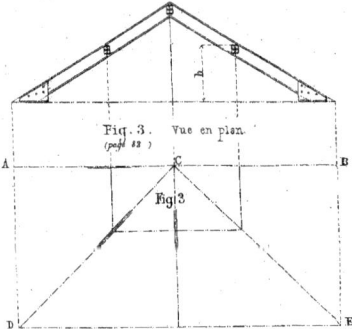

Fig.3

Fiq.4. _ Un arbalétrier modele
(page 83)

Fiq.5._ Le cahbre pour tracer tous les arbaletriers.
(page 83)

Fiq.6. Tracé d'une panne modele
(page 84)

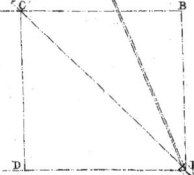

Fiq.9. (page 85)

En placement
des équerres de pannes sur l'arêtier

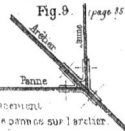

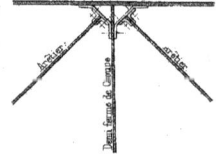

Fiq.10. (page 85)
Equerre ouverte   Equerre fermée.

2me Cas. Comble avec les pannes normales a l'arbalétrier
avec empanons et avec pénétration droite.

Fig.1. *(page 87)*
Élévation de la ferme.

Fig.3. *(page 89)*   Epure en élévation.

Fig.5. Tracé du rabattement de la
(page 87) panne pour avoir sa coupe.

Fig.6. *(page 89)*

Équerre ouverte   Branche
sur la
Panne   Équerre fermée.

Branche
sur l'Arbalet.

Tracé des équerres.

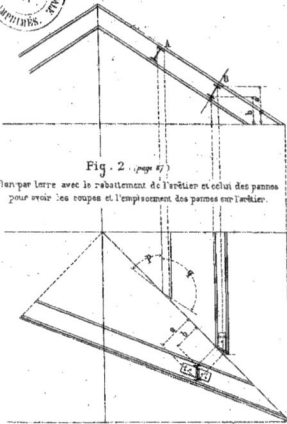

Fig.2. *(page 87)*
Plan par terre avec le rabattement de l'arbalétrier et celui des pannes
pour avoir les coupes et l'emplacement des pannes sur l'arbalétrier.

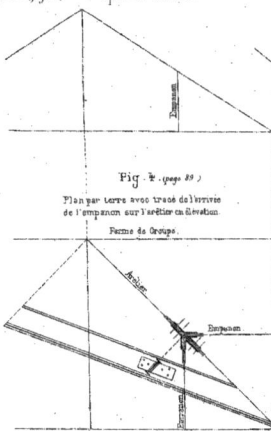

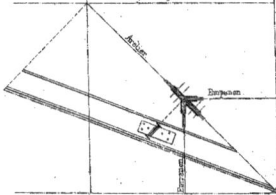

Fig.4. *(page 89)*
Plan par terre avec tracé de l'arrivée
de l'empanon sur l'arbalétrier en élévation.

Ferme de Groupe.

Arbalet.

Empanon.

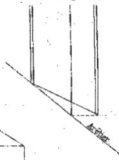

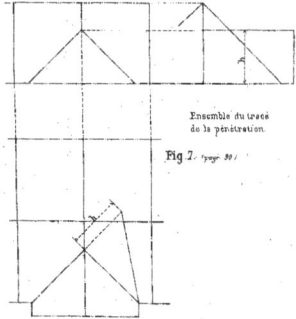

Ensemble du tracé
de la pénétration.

Fig.7. *(page 90)*

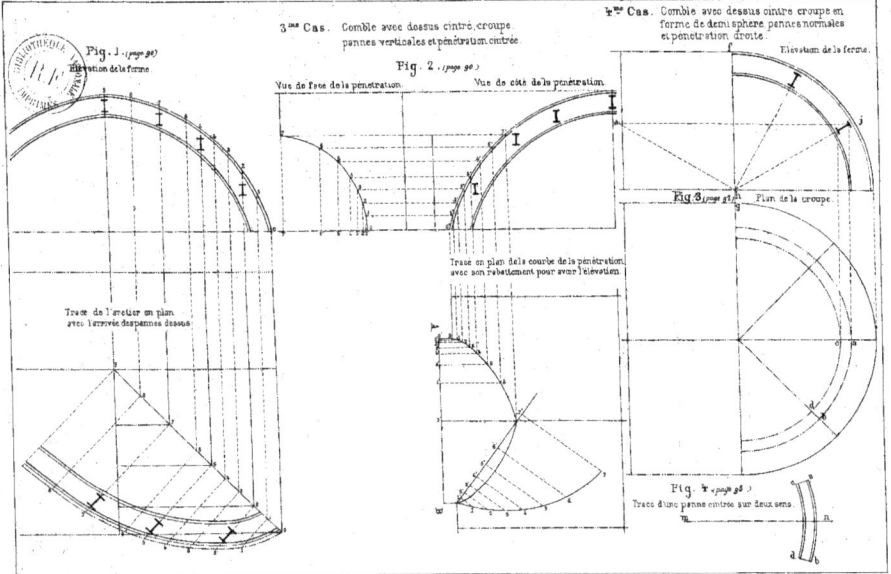

3ᵐᵉ Cas. Comble avec dessus cintré, croupe, pannes verticales et pénétration cintrée.

4ᵐᵉ Cas. Comble avec dessus cintré croupe en forme de demi sphère, pannes normales et pénétration droite.

Fig. 1. (page 90)
Élévation de la forme.

Fig. 2. (page 90)

Vue de face de la pénétration.   Vue de côté de la pénétration.

Élévation de la forme.

Fig. 3. (page 91) Plan de la croupe.

Tracé en plan de la courbe de la pénétration avec son rabattement pour avoir l'élévation.

Tracé de l'arêtier en plan avec l'arrivée des pannes dessus.

Fig. 4. (page 90)
Tracé d'une panne cintrée sur deux sens.

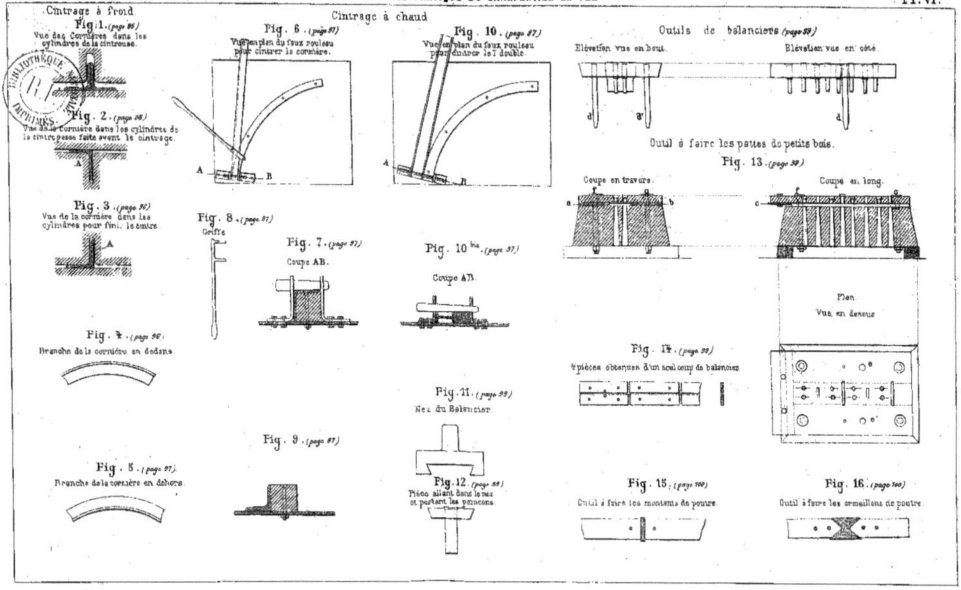

Cintrage à froid.

Cintrage à chaud.

Outils de balanciers *(page 99.)*

Fig. 1. *(page 95.)*
Vue des Cornières dans les
cylindres de la cintreuse.

Fig. 6. *(page 97.)*
Vue en plan du faux rouleau
pour cintrer la cornière.

Fig. 10. *(page 97.)*
Vue en plan du faux rouleau
pour cintrer le T double.

Elévation vue en bout.

Elévation vue en côté.

Fig. 2. *(page 96.)*
Vue de la Cornière dans les cylindres de
la cintreuse faite avant le cintrage.

Outil à faire les pattes de petits bois.

Fig. 13 *(page 99.)*

Fig. 3. *(page 96.)*
Vue de la cornière dans les
cylindres pour finir le cintre.

Coupe en travers.

Coupé en long.

Fig. 8. *(page 97.)*
Greffe.

Fig. 7. *(page 97.)*
Coupe AB.

Fig. 10 bis. *(page 97.)*
Coupe AB.

Fig. 4. *(page 96.)*
Branche de la cornière en dedans.

Plan.
Vue en dessus.

Fig. 14. *(page 99.)*
4 pièces obtenues d'un seul coup de balancier.

Fig. 9. *(page 97.)*

Fig. 11. *(page 99.)*
Nez du Balancier.

Fig. 5. *(page 97.)*
Branche de la cornière en dehors.

Fig. 12. *(page 99.)*
Pièce allant dans le nez
et portant les pinçons.

Fig. 15. *(page 100.)*
Outil à faire les montants de poutre.

Fig. 16. *(page 100.)*
Outil à faire les oreillons de poutre.

Fig. 1. *(page 101)*

Outil à couder les
équerres à 90°

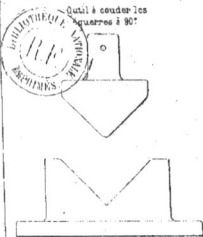

Fig. 2. *(page 101)*

Outil à couder les équerres
à tous les angles aigus.

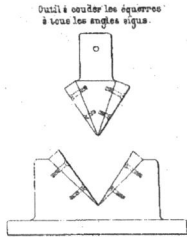

Outils du Balancier à friction.

Fig. 3. *(page 101)*

Outil à couder les équerres
à tous les angles obtus.

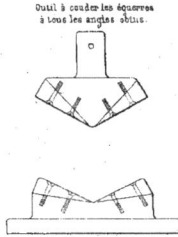

Fig. 4. *(page 102)*

Outil à renvoyer
les plaques.

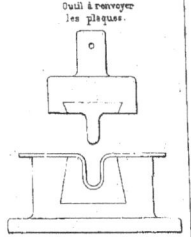

Fig. 5. *(page 102)*

Outil à renvoyer les fers à simple T ou à contrecouder.

Vue de face.   Vue de côté.

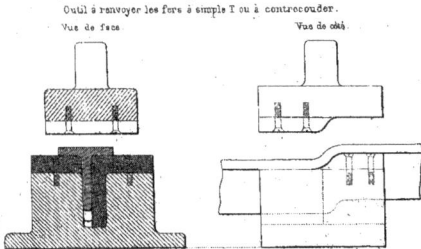

Fig. 6. *(page 102)*

Outil à couder les cornières deux à deux.

Vue de face.   Vue de côté.

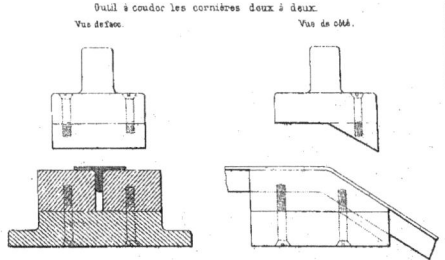

Coupe verticale suivant **AB**
Echelle ¹/₂₀

Coupes verticales
Echelle ¹/₁₀

Plan

Plaquette
Palier d'arrivée
Filet
Main courante
Contremarche
Plafond
Fonton
Plaquette
Palier de repos
Barreau de rampe à col de cygne
Limon
Balustre
Barreau de rampe à piton
Marche en bois
Crochet
Contremarche
Fonton
Limon
Marches en pierre
Sous marche
Contremarche
Nez de marche ou astragale
Crochet
Fonton
Entretoise

Départ
Marche à tête
Ligne de giron
Long.t d'emmarchement
Nez de marche
Palier d'arrivée
Rampe
Jour
Limon
Palier de repos
Filet
Contre-limon
Contremarche
Giron
Plaquette

A   **B**

Autot.-Imp. G. Pierre & Dumas, 56, rue Rochechouart, Paris

TYPE D'ESCALIER A L'ANGLAISE
le plus courant avec tous les termes employés

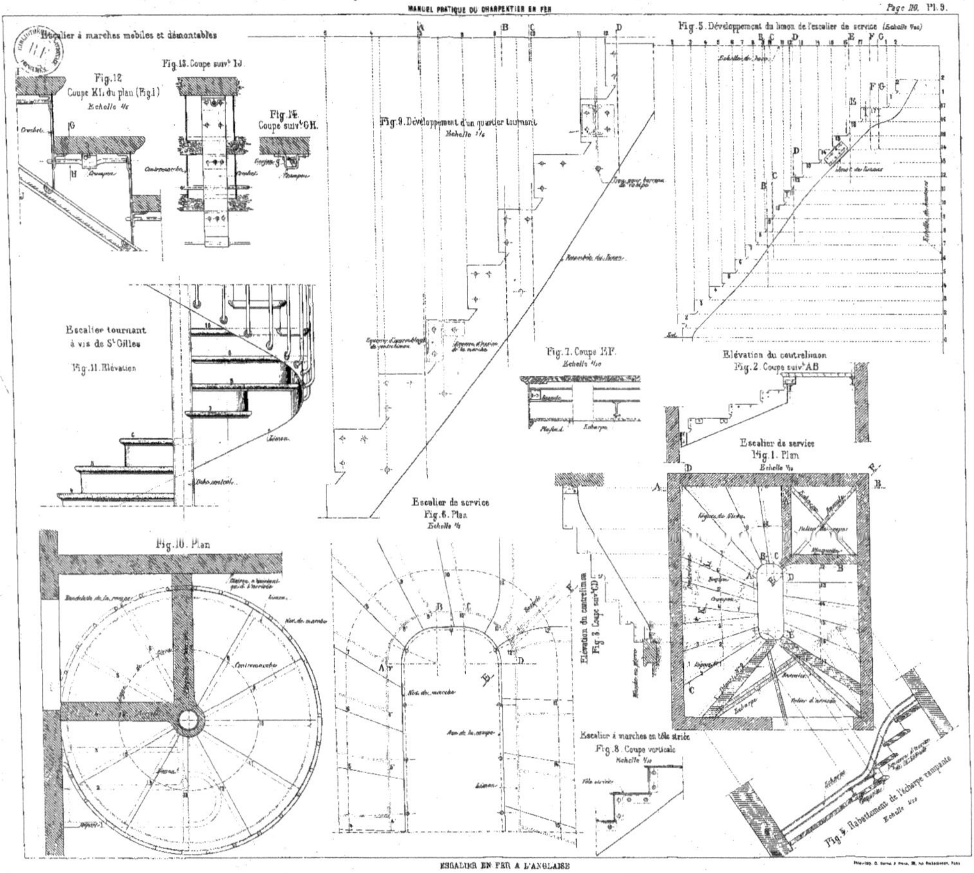
Escalier à marches mobiles et démontables
Fig. 12
Coupe KL du plan (Fig. 1)
Fig. 13. Coupe suivt IJ
Fig. 14. Coupe suivt GH.
Fig. 9. Développement d'un quartier tournant
Fig. 5. Développement du limon de l'escalier de service
Escalier tournant à vis de St Gilles
Fig. 11. Elévation
Fig. 7. Coupe EF.
Elévation du contrelimon
Fig. 2. Coupe suivt AB
Escalier de service
Fig. 1. Plan
Fig. 10. Plan
Escalier de service
Fig. 6. Plan
Elévation du contrelimon
Fig. 3. Coupe suivt CD
Escalier à marches en tôle striée
Fig. 8. Coupe verticale
Fig. 4. Rabattement de l'écharpe rampante

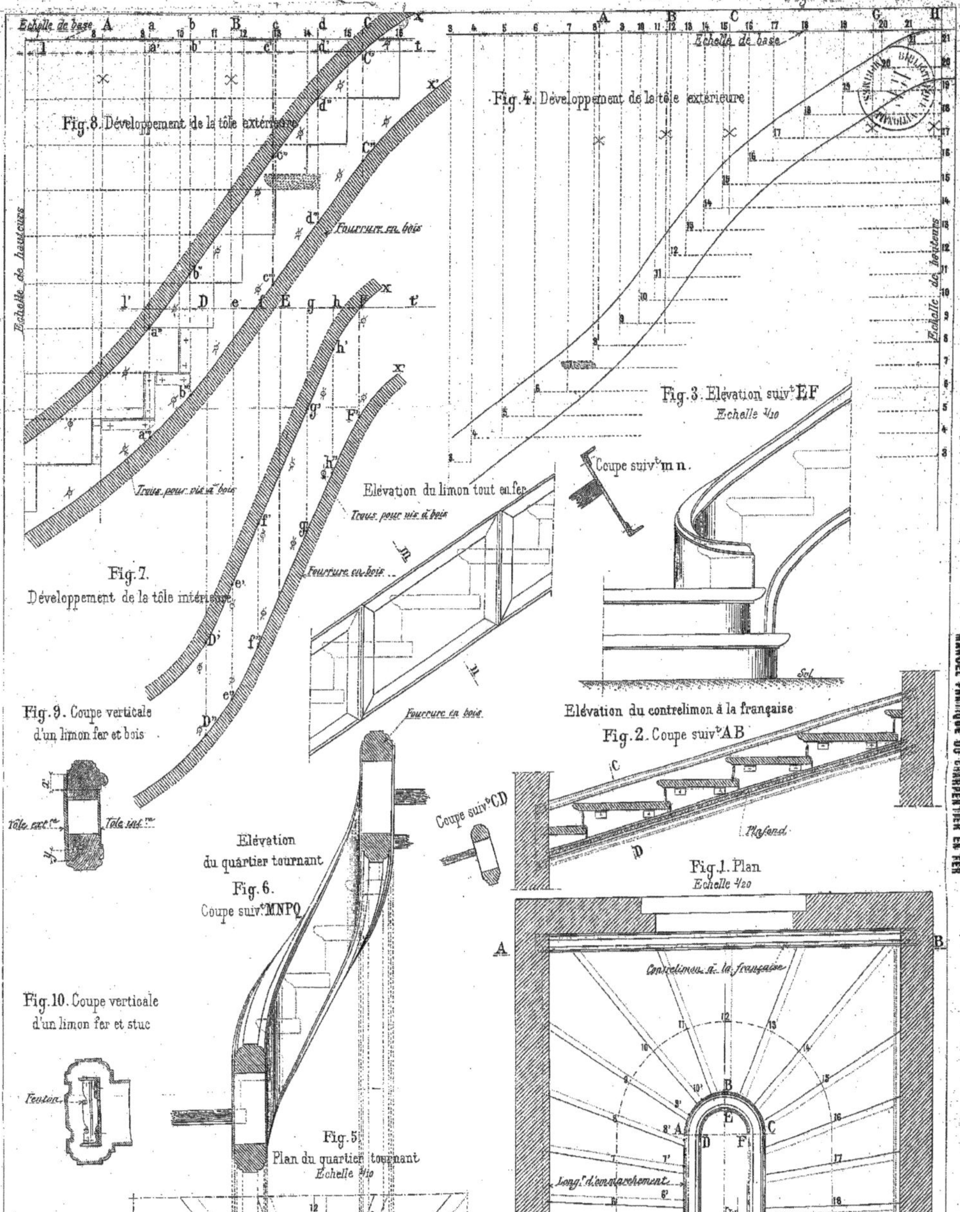

Echelle de base

Fig. 8. Développement de la tôle extérieure

Fig. 4. Développement de la tôle extérieure

Echelle de base

Fourrure en bois

Fig. 3. Elévation suiv.t EF
Echelle 4/10

Coupe suiv.t m n.

Echelle de hauteurs

Elévation du limon tout en fer.

Trous pour vis à bois

Trous pour vis à bois

Fig. 7.
Développement de la tôle intérieure.

Fourrure en bois

Fig. 9. Coupe verticale
d'un limon fer et bois

Fourrure en bois

Elévation du contrelimon à la française
Fig. 2. Coupe suiv.t AB

Tôle ext.re   Tôle int.re

Coupe suiv.t CD

Elévation
du quartier tournant
Fig. 6.
Coupe suiv.t MNPQ

Plafond

Fig. 1. Plan
Echelle 4/20

Fig. 10. Coupe verticale
d'un limon fer et stuc

Contrelimon à la française

Feston.

Long.r d'enclanchement

Volute de départ

Fig. 5.
Plan du quartier tournant
Echelle 4/10

Cales en fonte   Filet

ESCALIER A LA FRANÇAISE

MANUEL PRATIQUE DU CHARPENTIER EN FER

Auto-imp. G. Darël & Brun, 59, rue Rochechouart, Paris

IMPRIMERIE E. CAPIOMONT ET Cⁱᵉ

PARIS
6, RUE DES POITEVINS, 6
(Ancien Hôtel de Thou)

Léon DELALOE

Ingénieur civil

ARTS ET MÉTIERS, ANGERS 1855-1858.

11, Avenue du Maine

PARIS

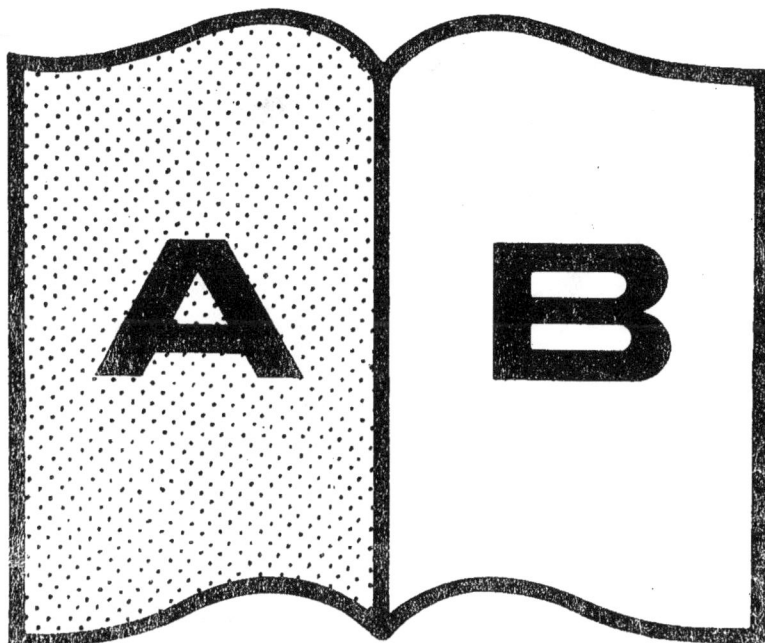

Contraste insuffisant

NF Z 43-120-14

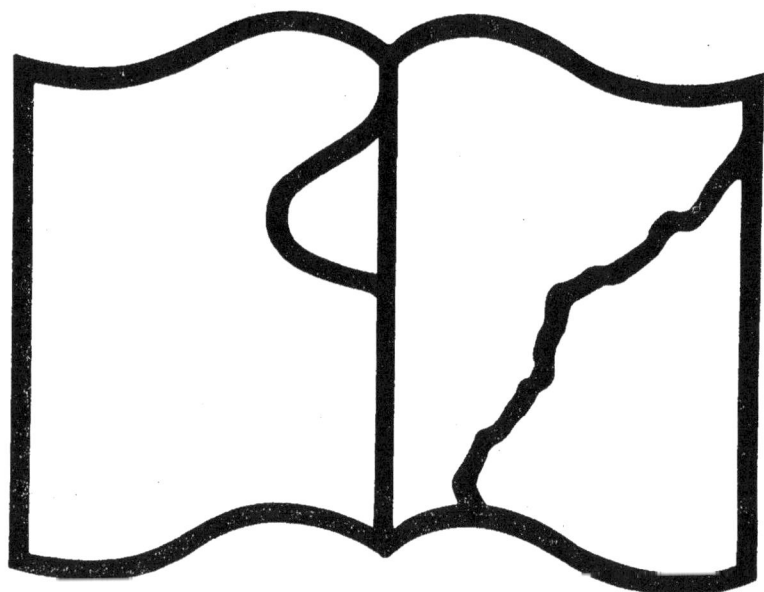

Texte détérioré — reliure défectueuse

NF Z 43-120-11

www.ingramcontent.com/pod-product-compliance
Lightning Source LLC
Chambersburg PA
CBHW071857200326
41519CB00016B/4429